靄靄（あいあい）

カンタ

KADOKAWA

あい‐あい【靄靄】

①雲やもやがたなびいているさま。
②和やかな気分が満ちているさま。
③この本では、白でもなく黒でもなく、
　グレーと表現することもできない、
　『あわいい』にある気持ちのこと。

目次

撮影	大竹宏明
装丁・デザイン	小田切信二・石山早穂（wi·per graphics）
スタイリスト	春原愛子
ヘアメイク	Akemi（AND by）
撮影協力	川崎市立麻生中学校、オモチャ まつもと
イラスト	カンタ
協力	不破 遥（UUUM）・朱 紹萱（UUUM）

靄靄（あいあい）

この本を書き切って思ったことがある。

きっと本には、自分が悩んだことしか書けないんだ。この本には僕の悩みが延々と詰まっている。この本にハッシュタグをつけるとしたら、

#繊細
#嫌われたくない
#人の顔色をうかがう

#目立ちたくない
#必要とされたい
#曖昧
そんな言葉になると思う。

自分のコンプレックスとずっと毎日会話をして、インターネットの時代で、もみくちゃにされてきた。たくさんの人に認めてもらって満たされて、それでも満たされない心の部分があった。そんなことばかりをこの本に書いていた。ある種、SNSが普及したこの時代に、10年間どっぷり浸(つ)かった僕にしか書けない本になったと思う。

僕はSNSのいい面も、充分に体感したし、SNSの危険性も体感した。心を蝕(むしば)む瞬間も経験してきた。SNSはダイナマイトみたいだと思う。上手(うま)く使えばトンネルを開通させることができる世紀の発明であり、誤って使えば人間を傷つける発明でもある。人に嫌われるのが怖い性格の自分が、大多数を相手にモノづくりをして、賛否両方のコメントをもらうとことがどれだけ嬉(うれ)しく、そして怖かったか。

人の顔色を気にしない勇気についても、ずっと考えていた。きっと嫌われることが全く怖くない人は、嫌われる勇気について、本で書こうなんて思わないだろう。

つまり、この本を手に取ってくれたあなたが、繊細な人であればここから先も、ぜひ読み進めてほしいし、そうでなければあまりこの本はお勧めできないかもしれない。僕は人に嫌われたくないので、僕が一文字一文字、懸命に書いたこの本を、あなたの大切な時間を使って読んでもらって、さらには嫌われたら立ち直れないからだ。

今もあなたがこの文章を読んで腹が立って、この本を破いてしまわないかとヒヤヒヤしている（あなたを信用していないわけではない）。

10年前の自分に言ってあげたい言葉が詰まった本なのだ。歳（とし）が僕より上でも、下でもそんなものは関係がない。きっとこの世界の誰かに必要な本になることを願って、曝（さら）け出すことを決めて書いた本だ。

僕はすごく人の顔色を気にしてしまう性格だった。20代の頃はクリエイターとして、いくつも間違いを犯してしまったと、反省する部分が多かった。動画の投稿をいつも楽しみに待ってくれている視聴者さんを、傷つけてしまった日もたくさんあった。振り返ると、大概の場合は周りへのリスペクトが欠けてしまった時に起こっていた。

モノづくりに没頭した結果、他者へのリスペクトを持った上で動画を作るべきだという当たり前のことを忘れ、時間や様々なプレッシャーで、自分の判断が鈍ってしまう瞬間があった。

振り返るとゾッとするような決断をしていたり、わかっているのに間違っていると言い出せなかったことが山程あった。そのたびに僕の心はひどく傷ついたし、周りへの申し訳なさや反省ばかりが募っていった。それでも少しでも改善して、何度転んでも立ち上がることだけが特技だったのかもしれない。


やりたくないことはやらない。もっともっと正直に生きることにした。

そうしたら、生きやすくなった。息がしやすくなった。


周りに優しくあること、空気を読んで穏便に済ませることが本当の優しさだと履き違えてきた人生だったと思う。きっとこの本をここまで読んでいる人は、優しいし、繊細な人が多いだろう。そんな人がＳＮＳの世界を生き抜くのはかなり残酷だと思う。

『正直に生きる。を僕と一緒に頑張ってみませんか』

と書いてみる。

こんな言葉を僕は伝えたいなとずっと思っていた。だからこそ自分は、今あなたに大丈夫だと言いたい（これからの自分へのエールでもある）。


この本には『#あわい』というハッシュタグもつきそうだ。僕が好きな言葉で、この10年で一番救われた言葉かもしれない。世の中は、常に白か黒かで判断することが多い。そっちの方が、物事を決める時は都合がいいことが多いからだ。

でも実際の物事は白と黒の間である『あわい』にあるものばかりだということだ。白っぽい黒もあるし、黒っぽい白もある。それは僕にとって、一言でグレーと表現していいものではなかった。


この本を是非、丁寧に読んでほしいいし、寝る前に雑に読んでほしい。

クリエイター

30歳になった。

約10年間、YouTuberという仕事をしてきた。まさか10年間も続けられるなんて思っていなかった。そもそも僕が始めた頃はYouTuberは世間では、職業として認知すらされていない時代だった。当然インフルエンサーなんて言葉も存在しなかった時だ。そんな怒涛(どとう)の20代を駆け抜けて、30代でやりたいことについて最近は考えていた。

答えは一つだった。

『プロのクリエイターと、肩を並べる実力があるクリエイターになりたい』

クリエイターという言葉の定義は、僕の中では非常に難しいものになっていて、ただモノを創る人のことではない。自分の創ったモノで、他人の人生を1㎜でもいい方向に進める力を持つ人のことを指している。

ただ30歳の誕生日を迎えて、まだその自信が持てていない。

なぜだろう。

この本を読んでくれているあなたにとって、僕は何者なのだろう。あなたに届くモノづくりはできているのだろうか。YouTuberの僕は、本当にクリエイターと呼ばれていいのだろうか。

昔、YouTubeのイベントでアメリカに招待されたことがあった。入国審査で職業を聞かれる際に、クリエイターと名乗るように言われたことを覚えている。その時に、自分はそんな格好(かっこ)いい言葉で言い表される職業だったのかと驚いたことを覚えている。

あの大学生の何者でもない自分は、一体いつから「クリエイター」になったのだろう。それが腑(ふ)に落ちることなく、わからないまま進んでいたんだと思う。

作った動画の総再生数は50億回再生を超え、登録者は400万人を超えた。こんなにたくさんの人に見てもらった事実がある。それなのに、そんな疑問が常に頭の中をぐるぐると回っている10年だった。もうそんなことを気にしないで、胸を張った30代にしたいと思う。それでも自信がない自分が嫌いだし、ちょっと好きだ。

あなたにとって僕がどういう存在なのかは、わからない。僕はこの本を手に取ってくれたあなたのことを、友達だと思っているけど、ある人からしたらただの素人(しろうと)かもしれないし、もしかしたらいつかのヒーローだったりするかもしれない。

客観的に自分を見た時に、普通の大学生だったお前にしては、よくぞここまで気合いだけでやってきたなと思う。毎日投稿をすると一念発起し、そこから2191日間、一度も欠かさず20時に動画を上げ続けたことを誇りに思っている。

しかし、そんな一般人とプロの境目の曖昧な部分から始まったことが、このモヤモヤの原因である。何かの職業のように、プロ試験に合格したわけではないので、1本でも動画をネットに載せたことがある人と立場は同じだと言えば同じなのである。稼ぐお金の額がしだいに大きくなり、認知度が広がっていけばいくほど、クリエイターという言葉がコンプレックスになっていたんだと思う。

自分はYouTubeの動画に命をかけていたが、それが伝わらない人に数えきれないほど出会ってきたからだ。悔しい思いがいつもどこかにあった。

ただそんな不安症で誰よりも、量でこの世界を押し切ってきた自分の心を救ってくれた出来事があったことを思い出す。どこでも話していない心の中にしまっていた話。

4年ほど前に自分に映像のことを色々と教えてくれる人に出会った。僕はその人の作品が大好きだったので、その人のことを、心の中で「師匠」だと思っていた。それと同時に自分の悩みをいつも真摯に聞いてくれるその人が優しすぎて、僕は不思議を通り越して、逆に裏があるのではと怪しく思っていた（めちゃくちゃ失礼な話である）。

しかし、知り合って3年目で突然その疑問が吹き飛ぶ話が出てきたのだ。実は昔、その師匠が、鬱のような状態になってしまった時に毎日投稿をしていた水溜り（みずたま）ボンドに救われたという話だった。毎日必ずくだらない企画を考えて、撮影して、編集して、ちょっと変で安心できる動画を届けている僕らの雰囲気が、その人の心を救ったという話だった。

僕がガムシャラにやっていたことは自己満足ではなく、確かに誰かの人生を1㎜は変えていたと実感した瞬間だった。なんの変哲もない大学生だった僕が、プロのクリエイターを救うことができたのだ。

全くもって烏滸がましいけど、その師匠が創る作品は、もし自分がいなかったらこの世に存在していないかもしれない。そんな可能性があったとすると、正真正銘、胸を張らざるをえなくなった。

ふとその時に視聴者さんの顔が浮かんだ。

こんな自分を、たくさんの人が今も認めてくれている。応援してくれている。それなりに胸を張らないのはとても失礼な話だと思った。自分が憧れるクリエイターが人前に立って自信がなさそうだったら、僕だったら何よりも寂しいと思った。だから本当の心のうちは自信がなくとも、誰かの憧れであろうとすることに決めた。


この大きな覚悟すらも、明け透けにこの本に書いてしまっては非常にダサいと思う。しかし、それすらも全て話した上で、カッコつけてみたり、失敗してみたりするのも自分らしいなと思える強さをようやく手に入れたんだと思う。

もっともっと立派になって、いつの日か本当の意味で実力をつけて、恩返しをしなくては始まらないと思うようになっている（だからこそ今こんな無茶苦茶ダサい文章を書いている。書籍なんだからもっとかっこいいこと書きたかったけど、これくらい泥臭くてもいいと思うことにした)。

僕のことをクリエイターだと思ってくれる人が一人でもいる限り、僕は胸を張って、自分が作るものは面白いと言うし、自分は実力があるクリエイターだと言う。そのたびに僕の本心はこれを読んだあなたに是非、想像してみてほしい。まだ本当は自信がなさそうかもな。とか。最近は自信がありそうだな。とか。

そして僕をクリエイターだと思わせてくれるファンの人たちが、これだけ泥臭い僕に自分を重ねたりして、自分でもできるかもなとか思い続けられるようにモノを作り続けたいし、驚かせ続けたいと思う。

自分がかっこいいと思う憧れのクリエイターの条件なんていつも同じだった。

・どの距離で出会っても魅力的であること。
・嘘(うそ)をつかないこと。

・自分に自信を持っていること。

自分を応援してくれている人がいるからこそ、その人たちが感動するような自分であり続けることだけが恩返しだ。今まで僕をきっかけで映像に興味を持った人や、いつか一緒に仕事をしたいと思ってくれている視聴者さんにもたくさん出会ってきた。そんな人たちの希望であり続けたいと思う。

これからも、プロのクリエイターとして、1㎜でもあなたの人生にいい影響を与えられる人に成れますように。

煙草

ぷか〜〜。ゲホゲホ!! 人生で初めて煙草(たばこ)を吸った。

僕は29歳まで煙草を吸ったことがなかった。吸おうと思ったこともなければ、手にすら持ったことがない徹底振りだった。他人からしてみたら僕はきっと煙草嫌いに見えていただろう。そんな僕は29歳の誕生日に、突然煙草を吸うことを決心した。

大学の時に何度も友人に誘われて、ごくたまーに喫煙所について行っても、煙草を吸ってみれば? という一言に「俺は吸わないと決めている」の一点張りで一蹴し続けた。す

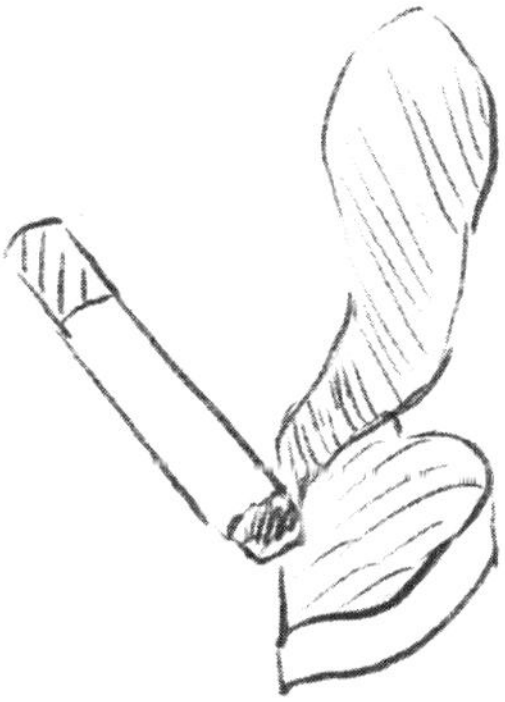

ごく頑固ものに見えたかもしれない。自分のそんなところも嫌いじゃないし、むしろ好きだ。『ONE PIECE』のサンジの煙草を見ても吸いたいとは思わなかった。でもフランキーの飲むコーラは美味（うま）そうだ。

煙草を吸うことにしたことは一応、母親に連絡した。29の大人になった息子から、そんな連絡が来て、母親は『勝手にしろ』と思ったと思う。逆にそんなことまで報告してくるなんてと、心配したかもしれない。

果たしてなんで煙草に対して頑固だった自分が、突如スパスパと吸おうと思ったのだろう。

理由は簡単だ。

30歳になるまでに、自分がやること、そしてやらないことの白と黒をあまりにも、はっきりさせすぎてしまっていたと思ったからだ。僕は性格上、一度決めたことは真面目にやる。

毎日、動画を載せると決めたら2000日以上続けるし、100kmマラソンを走ると決めたら、足を引きずってでも走る（90km地点で、道に落ちているペットボトルのキャップにつまずいて転んだ時は、ボロボロすぎて笑った）。

好きな食べ物はチョコレート。嫌いな食べ物は野菜全般。僕のことを9年間動画で見てきた人は知っていることだった。白黒がはっきりしていた。今、心に再度聞いてみる。チョコは『割と好き』。野菜は『割と美味(おい)しい』。これが本心だと思った。過去に嘘をついていたわけではなくて、自分自身の『あわい』の部分と『変わっていく部分』に遭遇した。成長と言えると思う。たかが30歳の自分が、自分のことをわかったように達観していることをすごくダサく感じた。経験もせずに、やらないと決めていたことをやってみようと思った。煙草に特別な嫌悪感などなかったけど、いつしか煙草は吸わないと決めていた。改めて言っておくと僕は煙草が嫌いなわけでもない。小さい頃はパチンコ屋さんの自動ドアが開いて、外に漏れ出てくる煙草の煙を吸うのが好きだった。そのためにパチンコ屋に足しげく通った。自動ドアを開けては、さりげなく匂いを嗅いでいた。激ヤバ副流煙大好き少年である。

　そんな僕が、煙草を吸わないと決めた理由は実際全く覚えていない。きっと小さい頃にふと決めたことだと思う。自分は一生煙草を吸わずに死ぬことは明白だった。そんな真面目すぎる自分にちょっと意地悪をしてみたくなったのかもしれない。

煙草を吸ってみたときに自分が何を感じるのか。嫌いなのか、好きなのか。そんなこと知らない人生でもいいんだけど、知った上で歩む人生のほうが、自分は自分らしくいられると思った。見ないで映画を批判するよりも、突然あまり見ないジャンルの映画を見て、泣いちゃう自分に驚いてもいいと思った。SNSで全てがレコメンドされる時代にこそ、自分だけがAIがおすすめしないものをおすすめしたいなと思った。

煙草を吸う時はカメラを回して、動画にすることに決めた。緊張で前日はあまり寝られなかった（一睡もできなかったわけではなく、寝るには寝られた）。


そして、カメラの前で、煙草に火をつける瞬間。手が震えていた。破壊を感じた。自分が作り上げてきた自分のイメージへの破壊を感じた。

まるで自分の法律の中では犯罪とでも思っていたのかと勘違いするくらいだった。天地がひっくり返るような。チ。を感じた。勝手に漫画の『チ。―地球の運動について―』を感じた。僕が大好きな作品だ。天動説が通説の時代に、地動説を提案するような感覚だった（規模が違いすぎるけど、僕にとってはそれくらいのことだったという意味で使わせていただく。人間の内面だって宇宙みたいな部分ってあると思う）。

自分で決めて、自分がやらないことをした。
ぷか〜〜。ゲホゲホ!!　初めて煙草を吸った。
感想は自分の予想外のものだった。
『何も感じなかった。』

これが煙草か〜と思った。自分は別に必要とは感じないなーとゆったりと思った。お化けがいそうな襖（ふすま）がずっと気になって、寝られないのでわざわざ布団から出て、一応開けて中を確認してみた時と同じ感覚だった。
あ〜お化けいなくてよかった、みたいな安心感と確認作業ができた達成感を感じた。自分の人生にとって、とても大切な日になった。

あれから、自分の好きと嫌いを再考して、色々自分の変化に気づくことができた。
あの煙草の火は、僕の心の中に火をつけたのかもしれない。

YouTuberを始めた理由

大学お笑いが熱いぞ。

今やテレビでも活躍する、かなりの有名芸人を輩出している学生お笑い。僕はそんな世界に偶然のように吸い込まれた一人である。

令和ロマン松井、ナイチンゲールダンス中野、元相方の田淵（たぶち）、アンゴラ村長、先輩だとさすらいラビーさん、真空ジェシカさん、Gパンパンダさん、ストレッチーズさんなどである。後輩はラランドや、令和ロマンくるまくんなど、本当に盛りだくさんである。

あのときいた先輩や後輩もまだまだ続々と有名になるのだろう。

水溜(みずたま)りボンドとして、YouTuberを始めたときは大学お笑い出身であることを隠していた。

それはどこか芸人さんをリスペクトする気持ちと、彼らの面白さを体感しているからこそ、YouTuberになった自分に対して自信が持てなかった時期があったからかもしれない。

今日はそんな激ヤバ激戦区の大学お笑いに入り、そこからYouTuberになった経緯を書こうと思う。


そんな激戦区の世界に、僕を誘ってくれたのは、中学からの幼馴染(おさななじみ)の田淵である。

中学、高校、大学と一緒でよくある幼馴染とお笑いコンビを組むというやつだ。

田淵という男はめちゃくちゃなやつだった。

朝9時から夜9時まで漫才を練習するやつだった。

恋愛では、好きになった子のことを相談していた女の子が、あまりにも真剣に相談に乗ってくれるもんだから、その子の方を結果的に好きになるようなやつだった。

中学では怒って、友達のパンツを破ってしまうやつだった。

そんな田淵に気に入られた僕は、ネタを書く要員として、アカチャンパンダのツッコミとして新入生ながらライブに参戦することになる。

田渕はめちゃくちゃ面白いのに、ネタが1㎜も思いつかないと、いつも頭を抱えていて、ネタづくりは僕に任せて、突然ベースを習い始めるようなやつだった。

大学生1年生の時のアカチャンパンダは、青山学院大学のお笑いサークル「ナショグル」の新入生ライブで1位を獲ったことで順風満帆な滑り出しを切った。

ネタの練習時間は朝8時から夜10時になっていた。

練習は裏切らないし、損をしないとはいうが、裏切るし、損をするレベルまでやっているぞと思った。

そこからアカチャンパンダの快進撃が続くと思われたが、すぐにMr.・潜水艦にその進路は破壊されることとなる。僕と田渕は初めてお笑いで、大敗北を経験した。そして、世の中には自分よりも面白くて変なやつが100万人はいるんだろうと恐怖を感じるようになった。

それと同時に、『ダウンタウンのごっつええ感じ』を中学生の頃に兄の影響で見て以来、中学高校とボウズにするくらいお笑いに浸っていた僕は、やりたかったコントにも手を出し始める。

漫才はアカチャンパンダ、コントは水溜りボンド。

そこで我ながらすごく現実的な側面として、当時大学お笑いではあまり使われていなかった音響を使ったネタを取り入れたり、漫才ではメタ的なネタを書き始めたり、コント道具に凝り始めたりと、周りとの差別化をはかり始める。

あくまで自分は直球勝負をしないと決めたのは、そのときだったかもしれない。非常に自分の才能に対して懐疑的だったし、全く信じていなかったからこそ、どういう手段で人を楽しませられるかを考えるようになる。


そして僕の人生を変えたターニングポイントが訪れる。

水溜りボンドで、キングオブコントの予選に出ることになる。そのときのネタも、キングオブコントの予選をたくさん見て、対策を練るところから始めた。

まず、2分のネタの制限時間をオーバーしたときに鳴る警告音と2分30秒で、強制的に退場させられるというルール自体をコントの中に取り入れるというネタを書くことにした。

ここでもやはり、どう王道と戦っていくか。

YouTuberになった選択を振り返ると軸は同じなのかもしれない。物事のレースをみんなと同じレースにしないことが得意なのかもしれない。

その作戦が功を奏して、会場で笑いが大きく起きて、見事キングオブコントで予選を通過して3000組から300組まで残ることができた。

ちなみに、ここまで切り詰めてネタを考えたせいで予選当日に大寝坊をかますという常軌を逸した行動も起こした。泣きそうになりながら馬のように走ったので当日のことはそこが一番のハイライトだった。

予選通過の発表を聞いた時に、自分の人生が変わる音がした。

その当時、学生お笑いで、実際にプロの大会で結果を残すコンビは、年に数組しかいなった。かなり腕を認められた気がした。

そして次の準々決勝でプロの大きな壁を感じることになる。

準々決勝を終えた瞬間に落ちたことがわかった。大学2年生でその壁を見て愕然（がくぜん）とした。

そこでYouTubeを始めることを決意した。

たぶんこのまま頑張っても、自分の力では、大学生のうちに結果を残すことはできなそうだと認めた。

大学生のうちになにかしらの大きな結果が出ない限り、自分は普通に就職すると決めていた。なんてったって親に高い学費払ってもらって、大学でお笑いをやるということはそういうことだと肝に銘じていたからだ。

こんなに楽しい、沢山の人を笑わせられる仕事を自分は結果を残さない限り、辞めなければならないと考えて、いつも終わってしまう夏休みのような寂しさを感じていたのも覚えている。

僕は、きっとお笑いやエンターテインメントという、人になにか影響を与えるような場所にいたい人だった。

きっとそれは大学卒業という現実的な、時間的な問題が目の前にあった時に、大学お笑いから離れて、何が何でも、結果に食らいつこうとしたんだと思う。

そうして僕はYouTuberになった。
最高の選択をしたと思っている。

サークルに6個入って全部やめた話

自分の性格を30になってなんとなくだけどわかるようになってきた。非常にめんどくさい性格だ。もうこの本を31ページまで読み進めてくれたあなたは気づいているはずだ。

自分の人生を振り返ると一つ、未解決事件が存在している。あの大学1年生の頃に作った、ビーチスポーツサークル「ソトッキーソトッキー」のことである。

今日はその封印された記憶を、ひっそりと紐解(ひもと)いていこうと思う。

大学の入学式。心はすごくすごく躍っていた。

そして大学の１年生において、僕は革命を起こそうと決意する。今振り返るとこの瞬間から、最高で最悪な４月が始まったのだった。

まず、ほぼ全てのサークルの新入生歓迎会に参加した。

これは数千人いる大学生の中で誰が輝いていて、どういった人が重宝されるのかのリサーチのためだった。全く野球をしたことがないのに、野球のサークルの新入生歓迎会にも行った。色々なスポーツをするオールラウンドサークルにも顔を出した。

大学は、情報が多いやつが勝つと言っても過言ではない。

面白い授業がどれなのか、テスト勉強で伴走してくれる仲間を作れるか。去年のテストの過去問を入手できる先輩との繋(つな)がりは作れているのか。

これから大学に入る人は、ぜひ参考にしてほしい。

４月に足で稼ぐことは重要だ。そうして気づけば、ＬＩＮＥの友達は50人ほどから、５００人にまで跳ね上がったのだ。今考えるとめちゃくちゃ変だなと思うが、当時は、大学生というものに、とにかくワクワクしていたのだ。

気づけば5月になった。そろそろサークルに入るか入らないかを全員に返答し始めなくてはならない時期がやってきた。大概は楽しく遊ぶのが、サークルのコンセプトなので、入ってくれ〜とLINEをくれる。

なんか人気者みたいで、凄く嬉しかったのを覚えている。そうして、僕は規格外の行動に出る。

5つのスポーツ系サークルに同時に入部する。

異例の行動である。なぜなら1週間は7日なので、そのうちの5日間スポーツをすることになるからだ。オールラウンドサークルという色々なスポーツをするサークルにも入ったし、個別のスポーツのサークルにも、本当に入ったので、リアルオールラウンドサークルをやってしまっていた。

そして、冒頭の話に戻る。

5つのサークルにとどまらず、6つ目の弾丸が存在していた。自分で一から作った自分が代表を務めるサークル、Sotokky Sotokky（ソトッキーソトッキー）である。

おそらく大学1年生で、新しいサークルとして公認サークルを設立した人は数人しかいないはずである。なにせ、公認サークルになるには、顧問の先生を獲得することが絶対条件だからだ。

そして活動内容などをしっかりと明示したうえで、学校の業務課の面接で好印象を残さなければならないのだ。

自分は大学生になったら叶(かな)えたい2つの夢があった。

一つは巨大な情報網を獲得し、真のユニオンを創造すること（無視してください）。そしてもう一つは、検定サークルを作ることだった。

そもそも自分はわりと勉強が好きで、マニアックな物事などを調べたり、その知識を形にするのが、特に好きだった。YouTubeでやっていることとあまり違わない。

漢検などのオーソドックスなものというよりも、温泉ソムリエ検定だったり、あまり知られていない、誰もが驚く検定をたくさん取得したかったのだ。

しかし、検定サークルといってもそう簡単に作れないのが大学である。自分の作り上げたネットワークを駆使して、検定サークルだと大学の審査はおそらく通らないとわかった。理由はいくつかあるのだが、明らかにパンチに欠けるし、同好会という小規模で成り立つものに分類される可能性があるからだ。そこで閃いたのが、他大学には当たり前のように存在しているのに、なぜか自分の大学にないサークルを仮面で作り、徐々に方向転換するという作戦だ（絶対に真似しないでね）。

実際に青学のお笑いサークル「ナショグル」は、当然お笑いサークルなど通るわけもなかった中で、ナショナルグルメサークルとして設立したという話だ。そこから数年かけて、お笑いサークルに変えていったらしい。

オーソドックスであるにもかかわらず、方向転換が可能な人数を集められるサークルをリサーチした。

そう。それがビーチスポーツサークルなのである（ビーチスポーツをやっておられる方、本当に申し訳ございません）。

1年目は本気でビーチスポーツに打ち込み、2年目の改編期に面接でサークルの形は保ちつつ、全員の意思により検定サークルに進化しました。という形を踏むことができれば自分の大学に検定サークルを爆誕させる活路が存在したのである。

そうとなれば話は早い。真っ白な日焼けしていない細い腕で面接に向かうのだった。

そうして見事に顧問の先生を見つけ、面接に通って、爆誕したのがほかでもない珍獣‥ソトッキーソトッキー。その人である。

ちなみに僕を見て、そんなに行動力があるタイプに思えないかもしれないがとにかく行動力が実はある。

全てが順風満帆にいっていた大学1年生に見えるが、このあとあり得ない展開が起きてしまうのだ。それはお笑いサークル「ナショグル」との出会いである。

お笑いサークルが楽しすぎることが発覚してしまったのだ。中学からの同級生である田淵とアカチャンパンダというコンビを組み、漫才でウケてしまった。

僕はとても簡単な人間だった。笑いを取れたことが嬉しすぎて、お笑いサークル以外の全てのサークルをやめることを決意してしまう。ミニお笑いモンスターだ。全ての人脈が牙を剥く覚悟で、巨大ユニオンの創生を諦めた。頓挫である。

よく考えてほしい、巨大ユニオンを頓挫させた人間には、もう大学のどこにも居場所などない。どこに行ってもサークルをやめたせいで気まずくなってしまった人が大量発生していた。こうなるとお笑いサークルで、ネタを作るロボになる以外に存在価値がないところまできてしまった。

もちろんソトッキーソトッキーの顧問を務めてくれた先生にも急いで謝りに行った。そのとき言われた言葉は今でも忘れない。

「行動力があることは、大変いいことだ。だが社会人としては到底、失格である」

その言葉を言われたあとに、実家に帰る電車の窓から見えた街は、なぜかいつもよりもきれいな気がした。

「この選択を絶対に正解にしなくてはいけない」

そう心に誓った。

ＳＮＳエネルギーヴァンパイア

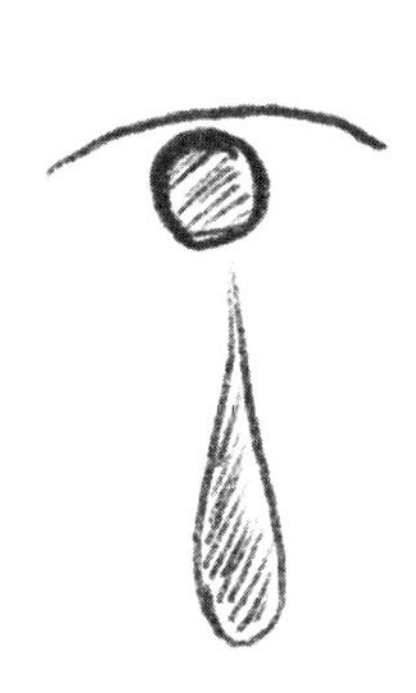

ＳＮＳに取り憑かれていた時のことを振り返るとゾッとする。

いまこれを読んでいるＳＮＳをやっている人や、現代社会を生きている人の中にも、ＳＮＳに取り憑かれている人はたくさんいると思う。街や電車でスマホをカバンに入れて、周りを見渡してほしい。

みんな下を向いているのではないだろうか。今日はそんな人を一人でも救うために自分の経験を書いていこうと思う（僕はパソコンやスマホを見すぎて、首を痛めてしまい、コルセットを巻く事態になったことがある）。

ここでは以下の症状の人を、ＳＮＳエネルギーヴァンパイアと呼ぶことにする。該当したら、あなたはもうＳＮＳの承認欲求エネルギーを求める吸血鬼だ。食べないと苦しいし、寂しいし、辛いのだ。

該当条件は以下の通りである。

●今、この本を読んでいてもＳＮＳが気になる（スマホの充電がいつもない）。
●この本のネットでの評価、レビューが気になる（いいレビューしてね）。
●動画を見ていて、その動画の再生数が気になる（再生数が低くても、素敵な動画はある）。
●ネットを見ていると、他人の生活に嫉妬をしてしまう（きっと加工してるのに）。
●ＳＮＳを見ていないと後れをとっている気がする（どうせすぐ忘れる記事ばかり）。

さあみなさんどれくらい、ドキッとしただろうか。あまり該当しなかった人は、ここから書く話にあまり興味ないと思うけど、頑張って書いてるからぜひ読んでね。

さあ本題だ。自分も超重度のＳＮＳエネルギーヴァンパイア（以下エネバン）だったからこそ、ＳＮＳエネルギーヴァンパイア大学の卒業生として、これを読んでいる君たちに特別にカリキュラムを組んでいこうと思う。一体何が大切かを説いていく。
ちなみにまだ自分はミニエネルギーヴァンパイアを患っているので、一緒に克服していけたらいいなと思っている。先ほどは卒業生だとか言っていたが、本当はエネバン大学を絶賛、留年中だ。

ＳＴＥＰ０
まず、超重度だった頃の僕の症状を紹介しよう。参考になれば幸いだ。

●動画投稿をした後に再生数を見て、ショックでご飯が喉を通らない。
●再生数を見て気分が落ち込み、友達の誘いを断り、不安で10㎞ランニングをする。
●休日に休むことが不安で、いつも仕事を詰め込み、作業をしている。
●究極、遊ぶと死ぬと思っている。
●パソコンと努力だけが自分を守ってくれると思っている。

●丸いものと三角のものどちらが再生数を持っているのかなど意味不明なことを電車でずっと考えている。

振り返ってみると追い込まれすぎていた。エネバンすぎ。こんな切羽詰まった人の動画をよくもまあ、みんな楽しんで見てくれていたと、感謝しか出てこなくなってしまう。でもこの時期が決して不要だったとは思わない。この時期がなければ間違いなく今の自分は存在しないからだ。ただ、それで自分の精神が潰れそうになったからこそ、エネバン注意喚起をするのだと思ってほしい。

さて。ここからがカリキュラムである。

STEP1
SNSから完全に離れてみよう。
これがエネバンにとっての特効薬である。口裂け女にとってのポマード的なやつだ。
ただそんな簡単に言ってみても、それができなくて、どうしても気になってしまうからエネバンなんだという声が聞こえてくる。これはもう苦しくてもスケジュールを死ぬ気で組み、死ぬ気で休みを作って、休む。死ぬ気で休む。

仕事が趣味であり、夢中で楽しいと思えている僕にとって、休むことほど不幸せなことなどないと思う。マグロに止まれと言っているようなものだ。マグロは止まったら死んでしまうらしい。次のSTEP2は死なずに止まる方法の話になっている。

STEP 2

SNSに触れていない時間にやる趣味を探す。

僕にとってのそれは、5年前に始めたフィルムカメラだった。この頃から撮り溜めている写真は人に見せていない。自分が自分と向き合う聖域であり、人に見せてしまうとまたエネバンが動き始めるからだ。

その頃に撮った写真を見返して、ゾッとした。YouTube脳になりすぎていて、車がぶつかっているように見える写真を撮っていた。サムネイルを作る作業と一緒で、無意識に人の気を引く写真を撮ろうとしている自分がいた。趣味の時間にも、潜在的に数字を気にしていて、自分がいいと思うものが数字があるものとイコールになっていた。気づいたら仕事以外のプライベートもエネバンだ。プラベエネバンだ。

ただ今は自分が好きな雰囲気だったり、美しいなとか綺麗だなと思うモノを撮るようになった。これが次の最終ステップで重要になってくる自分の価値観を作るという話になってくる。ここで当たり前のことを書いてみる。休みは重要だということだ。休まなければ幸せはやってこない。当然だ。

STEP3

他人の目を気にせずに、自分の大切なものや、好きなものを見つけて価値観をもう一度整えてみる。自分軸を作るということだ。

SNSをそんなに気にしていないと思っているあなたですら、きっと気づかないうちにSNSの感性が心に入り込んできているのは間違いない。僕の場合は、自分が好きな色がだんだんとわからなくなっていたと気づいた。

今これを読んでいるあなたは子供の頃のように無邪気に好きな色を言えるのだろうか。

僕の場合は、その時の空気だったり、流れを優先して、自分が好きな色がはっきりとわからなくなっていた。でも今は言える。濃い黄色と青色に近い緑が好きである。きっと昔は赤色と答えていただろう。なぜならサムネイルにするときに一番目を引く色が赤色なので、再生数が期待できるからである。

振り返れば、中身がすっからかんな人間になってしまうということだ。

そして自分の好きなもの、ワクワクするものを1つ、2つでいいから作っていくことがいつかSNSを自由に楽しみつつ、自分の感性を失わないためのいい付き合い方と言えるようになってくると思う。自分の数字や他人の目を気にしないで、好きだと思えるものを見つけることから始めよう。僕は6年連勤をしたことがある。6連勤じゃない。6年連勤だ。

今は令和である。何一つ誇らしいことではない。

あなたはすでに頑張っているだろう。ぼーっとしてみよう。

ぜひこの本を、森の中で読んでほしい。ＳＮＳの話を広大な自然の中で読む経験はきっと何かの発見に繋がると思う。僕は今これを森の中で書いている。

成功するYouTuberの3つの法則

自分にはこだわりがある。それを今日はいくつか聞いてほしい。
「濁音とンが大好き」である。
とにかくこの言葉を意識して、生活してきた人生だった。ジンセイ。濁音とン。いい響きだ。こんな感じだ。
もちろん自分のコンビ名である水溜りボンドも『ボンド』の部分には濁音と撥音と濁音をふんだんに盛り込んだワードを詰めている。ちなみに見逃してもらっては困るが、「コンビ」も濁音とンのコンビネーションだ。
なぜ濁音とンに、そこまでこだわるのかというと、例外なく映画でも、コンビでも、ヒット作品に共通している事項として挙げられるからだ（自分が初めてそれを認知したのは松本人志さんの著書である『遺書』を読んだ中学生の時である。それ以降中学、高校とボウズにするなど、YouTuberにしては珍しい松本信者である）。

具体例をあげると、島田紳助、ダウンタウン、とんねるず、バナナマン、サンドウィッチマン（敬称略）などである。偶然と言いきれないほど多い実例が存在する。週間少年ジャンプもそうであるし、アーティストではサザンオールスターズ、星野源、BUMP OF CHICKEN、デジモン。盛りだくさんすぎて全てを列挙することはできない。

ちなみに濁音だけではなく、半濁音のパピプペポの法則も存在している。数多くの半濁音とンで世界にとどろいたのはペンパイナッポーアッポーペンである（7ポイント）。

半濁音がめちゃくちゃ使われている宇宙一最強の言葉だ。そしてそれを世界に広めたジャスティン・ビーバーも名前に濁音とンを蓄えている。

大流行したブリンバンバンボーンなんて、もう奇跡の8ポイントである。

いまも必ずといっていいほど、世界に共通するパワーワードは存在しているということだ。これを偶然で済ましてよいのだろうか。

信じるか信じないかはあなた次第。ちなみにシンジルも濁音とンだ。流石(さすが)、流行(はや)りのパンチワードである。

こんな考えを持つ僕にとって人生をかけたコンビを結成する時のコンビ名は並々ならぬ思いが宿っていた。

水溜りボンドというコンビ名の成り立ちを振り返ると、相方であるトミーとそれぞれ好きな言葉を一つずつ出し合ってそれをくっつけようと言ったのが始まりだった。

このコンビ名の付け方は偶然に頼ることになるので、ハードルが上がらないからいいという理由があった。

しかし、僕は相方がどんな言葉を出してきても必ず「濁音とン」を入れたかったのである。そうなると僕は「ボンド」という爆弾級のパワーワード（自分にとってのみ）をぶち込まざるを得なくなった。

このボンドというパワーワードは、実は中学校のときに発見して、いつかなにか大切なときに使おうと非常用にメモしていた魔法の言葉だった。

ちなみに水溜りボンドを組む前に中学の同級生と組んでいたコンビは「アカチャンパンダ」であった。パンダという爆弾級のワードをぶち込んでいる。ちなみにバクダンも濁音2の撥音1だからかなり高得点なワードである。

もしなにかタイトルなどを決めようと考えて困っているあなたには、是非この爆弾をおすすめしたい（まさか爆弾をおすすめする日が来るとは）。

爆弾プリンとか、爆弾リボンとか、そういうちょっと相反しそうな言葉を組み合わせるのもおすすめである。

そんなことにとり憑かれた僕は、自分の名前にももっと個性がほしいなと思うようになってくる。佐藤寛太。さとうかんたである。

俳優さんは事務所からデビューするにあたって、男性はアーティスティックさを出すために、難しそうな画数が多い字や珍しい字をあえて選び、女性は馴染みやすい名前を選ぶと聞いたことがある。

自分はマレーシアで生まれたこともあって、仮のミドルネームがついていて、佐藤マイケル寛太という別称もある。佐藤もありきたりだし、マイケルもありきたりである。もうありきたりすぎて、逆にいないところまでいっている。

マイナス＋マイナスみたいな感じで、全然納得がいかない。

せっかくだから、YouTuberで成功しやすい法則って、なにかないのかなと考えてみることにする。ここでは大胆に3つも提言してみるので、もし参考になれば幸いである。

1つ目。

言葉からは少し離れてしまうが、YouTubeを始めて気づいたのは、初期のYouTuberには、一重の人が異常に多いということだ。

個人的な分析だと、やはりテレビではキリッとした画面映えする人が有名になっていく一方で、YouTuberはあくまで近所の兄ちゃんたちのような雰囲気と距離感が視聴者さんと関係性を作る上で重要だったのではないかと思う。

一重のほうが安心感や、身近さを感じさせて初期のYouTubeにおいては非常に有利だったのかなと思う。初期の YouTube ではめちゃくちゃイケメンな人ほど苦労していた気がする。

イケメンであればあるほどテレビの世界に行ってほしいと感じる人もいるかもしれないし、テレビを諦めてやってきたというような勝手なレッテルを貼られてしまった人もいたように思う。ただ現代の新世代 YouTuber にはキリッとした顔の人が多いのもまた面白いところである。テレビでスターになっていた人が今度は YouTube にやってきているという事実を感じる。

2つ目はバスケをやっている YouTuber が異常に多いということだ。

普通は野球やサッカーのほうがメジャーなイメージがあるが、YouTube においてはバスケが一番ホットなスポーツと言って良いと思う。なぜそんなことが起きるのかと分析すると、5人という少数で勝ちに行くバスケは、関わる人の人数的なところで非常に YouTube の編集チームやグループなどと親和性があるのではないかと思う。

僕もバスケ経験者として、5人くらいの強固なチームワークを学生時代に学べたのはかなり今に生きていると実感する。

またバスケは、点数がテンポよく入るので、YouTube の動画にするのに展開的に非常に適していると思う。

3つ目をあげるとすると、兄弟で YouTube をやっている人が世界的に各国のトップ YouTuber になっているということだ。

日本のトップであるヒカキンさんはセイキンさんと兄弟である。海外のナンバーワンだった YouTuber、ローガン&ジェイクのポール兄弟も兄弟でやっている。朝倉兄弟やサワヤンチャンネルもそう言えるし、YouTube 外に出てみたら、マリオブラザーズやビリー・アイリッシュも同じだ。

なぜこういう法則が存在する可能性があるのかというと、やはり兄弟は嘘がつけない関係性だからだろう。

家族は人生で基本的に、一番近くで多感な時期も含めて色々見ている。その家族が出演することだったり、その普遍的な関係性は、非常に魅力的であるし、逆に自分の兄弟を世間に丸ごと見せられるその心意気や覚悟は、よほどの信頼獲得に繋がるのだろうと思う。

それはつまり、小さい頃から正直に生きていたか、そして周りの人を大切にしてきたかの証明に繋がるのである。

凄く嫌な話だが、もし小さい頃にイジメをしていたり、イメージと違うことをしていたら一発で数十年越しでも信頼を失ってしまう時代だ。

だからこそ家族というものはYouTubeでも人気コンテンツであるのだと思う。多くの人が信頼できるものや、安心を求めている時代である。

そして最後に、法則とは別に、具体的にYouTuberに最も大切な能力を考えてみた。間違いなく、メンタルの強さである。

これはYouTubeをやってきて一番大切で、欠けてしまっていたら、非常に苦しいという部分だ。

YouTuberはどんなに楽しい動画を撮っても、当然再生数が伸びない日もある。

そんな日も自分を信じて、明日も立ち上がらないといけないのだ。

そこで落ち込んでいて、次の日のパフォーマンスに悪い影響が出たら、より失敗に近づく。どんなに駄目で辛い日でも、最高なモノを作ろうとしないと、永久にこの蟻地獄のループから抜け出せない。

それを含めて、誠実にまっすぐであり続けることが、今の時代に大きく求められている能力なのかもしれない。もしYouTuberやインフルエンサーを目指している人がいたら、少しは役立ちそうなので、偉そうに語ってみた。

そんな僕は佐藤マイケル寛太。変な名前。以後お見知り置きを。

レモン

レモン。

唐揚げについてくるレモンが可哀想(かわいそう)に見えた。

あいつはどんな気持ちで皿にのっているのだろう。あいつのことを考えたら、今なにをあいつにしてあげられるのだろう。

そんなことをこの間、居酒屋で考えていた。唐揚げをみんなでシェアするときは、レモンかけますかって聞くのが礼儀だ。あれを何も言わずにかけると怒られたという話を聞いた。自分も必ずレモンをかけますかと聞くようにしている。その気配りこそが大切だと思

うからだ。

　しかし、その気配りってちょっと行きすぎてると思う。

　結構大切な話をしてるときに、レモンかけます？　って聞いてくる人がいる場合はそれはマナーに従いすぎて、逆に空気を壊している。気を使うって何なんだろうと思う。

　だいたい8割くらいの人がレモンをかけると思う。過半数を取っているのに、一人でもレモンをかけたくない人がいたら、かけてはいけない。本来であれば僕もレモンは苦手なので、先に唐揚げとりますねって自分が取り分けるべきだ。もはや日本において、唐揚げにレモンは大衆文化なのだ。もしかしたら唐揚げにすでにレモンをかけている店だってあるかもしれない。

　その場合どうするのだろう。世界的に、唐揚げにレモンをかけたくない人ってどれくらいいるんだろう。そんなことを居酒屋でずっと考えてしまっていた。

　ほかにも、居酒屋で食事をしていて、一つだけ料理が残るあの現象が嫌いだと思った。

名前をつけるとするとラスト・サムライとでも言っておこう。あのラスト・サムライを食べるものこそが本当のサムライだと思うことにしている。というのも、食べたいとか、食べたくないとか関係なく、あの皿に一人だけ取り残されて、どんどん冷めていき、最後のお会計前に一応みたいに食べるくらいなら、食べたいときに食べたい人が食べてほしいと思う。

もしかしたら社会一般的には、

「うわっ、こいつラスト1個いって、かなり欲張りなやつだ」

なんて思われるかもしれない。ちなみに僕は、いつも嫌われる覚悟でそのラスト・サムライに食らいつきに行く。

なんなら残り2個になるまで様子を見て、最後の2つを同時に自分の皿に移して、ラスト・サムライを生まない政策まで行っていることもある。

場に一人取り残されたラスト・サムライがいると、話に集中できないし、僕は一緒にご飯を食べる人がそんなことで僕を嫌いになるとは思わないようにしている。世の中もきっと一緒で、誰も気にしていないことを気にしている人が意外に多い。

それは僕も兎に角、気にしいだからすごいわかる。だからこそ、そんなことはもうやめようと声を大にして言いたい。

もしこれから居酒屋で、お皿にたった一つ唐揚げが残っていたらこの本のことを思い出してほしい。そんなラスト・サムライを、僕と一緒に食べてほしいと思う。そんなことを考えて、今日も僕は一次会で家に直帰した。

なぜなら、僕は二次会が全然楽しめない。楽しみたい気持ちはあるけど、どうにも心が疲れてしまう。

大概、人とご飯に行くときは話のテーマや、盛り上がりそうなテーマを持っていって一次会で出し切ってしまうからだ。それ以降の二次会は必ず右肩下がりの調子になってしまう。

そんな僕を見せたくないし、だいたい飲み会の後半では、いつももう明日のことを考えている。いつもいつも未来のことを不安に思っている。抱いている。憂いているし、怖がっている。

お酒を楽しく呑(の)むことは、今を生きることだと思う。

お酒を呑んで、明日のことを忘れて、忘れた先で、また頑張って次の日を乗り越えるということが不安でできない。僕は小さい頃から夏休みの宿題は早めに終えていたし、大学の単位も大学三年生で全て取り終えていた。とにかく先の不安感が僕を動かしている。そんなことしてたら心が潰れてしまうかもしれない。息抜きなんてできていないのかなって思う。

でもそんな帰り道が、妙に心地よい。

同じ志を持った仲間がいることを確認して、それを胸に今日も一人じゃなかったことを確認して帰る。それで、また一人になって頑張るのだ。

もし僕が、朝まで飲んでいる日が来たらおめでとうと思ってほしい。そんな素敵でくだらないことも話せる仲間が欲しいけど。欲しくない気もする。

辛かったＹｏｕＴｕｂｅを始めた頃

懐かしい思い出を、ここに書いておきたいと思った。

とにかく２０１５年は僕の人生にとって忘れられない年である。

全てをかけて、YouTubeに打ち込んだ３６５日だった。

覚悟を決めた僕は、周りに伝わらないような変わった情熱に包まれていた。大学2年生にしては珍しい自己投資という考え方で、20歳まで貯め続けたお年玉で、40万円のパソコンを一括で買った。

他にもカメラを早い段階でいいカメラに替えた。ネットで相当な時間をかけて、カメラ

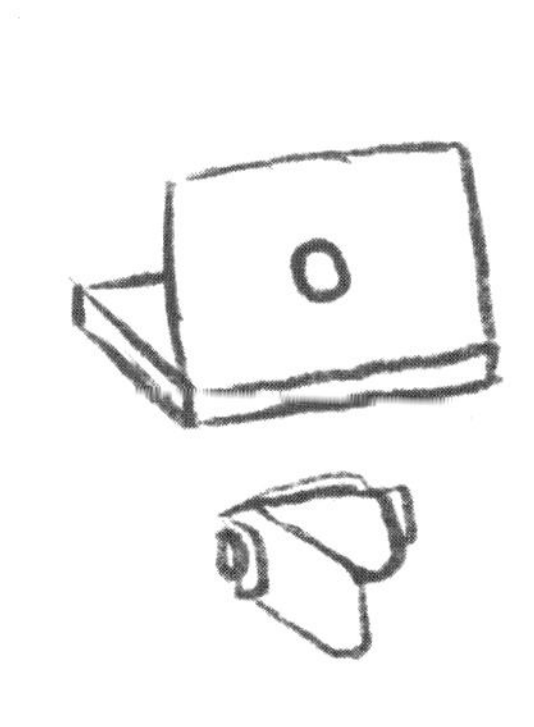

を安く買えるお店を調べた。秋葉原にある、新品を激安で売ってくれる（会員になるなど色々大変だったけど）お店に行って、定価より３０００円くらい安く買ったことを覚えている。

それでも機材やソフトにはお金を惜しむことはしなかった。その考え方はきっと大学生の思い切りの中では常軌を逸していたので、みんなあまり理解してくれなくて孤独だったことを覚えている。結構珍しいくらい突如として、YouTubeにフルベットし始めたのだ。

そんなカツカツの中で毎日企画を考えるのは、とても辛かった。

基本的に一つの動画に使える企画費は２００円と決めていた。電車賃やご飯などを考えるとバイトをしてもどうしても、その額が限度だった。毎日１００円均一に通っていた。その中で１００円均一の商品を２つを組み合わせて、なんとか企画にする。

例えば節分の時は、豆とクラッカー。

クラッカーの上に豆をのせて、糸を引っ張って、鬼に豆を高速で発射するという企画だ。

他にも、エナジードリンクを目に入れたら目が覚めるか。黒いサングラスを、たくさんかけたら黒いボールはいつ見えなくなるのか。寝ている人に、何滴の水滴をかけたら、起きるのか。などかなりギリギリでやっていた感が満載だ。

今振り返るとそれはそれで、楽しかったと思える。

そんなカツカツな毎日を過ごしている中で、UUUM(ウーム)の前社長の鎌田和樹さんに出会うことになる。確か登録者は2000人とかそういったレベルの頃の話である。その時に言ってもらった言葉が今でも心にすごく残っている。

「今の時期に、しっかり機材に投資をするべきだ。そして少しでも多くの時間をYouTubeにあててほしい」

僕は、大学の授業を受けて、バイトで企画費を稼いでいるだけで、多くの時間が取られてしまうという悩みを伝えた。

その頃の自分の生活は、朝6時に起きて、夜の3時に寝ていた。

毎日毎日、電車の中でもSNSの返信をずっと返して、大学の授業に1限から出る。そこで授業を受けつつ、次の日の動画の企画を考えて3、4限の僕の授業がない時間に合わせて、トミーと撮影をする(トミーは大学に通っていたのに、なぜか毎日休みだったので、きっと特別な訓練を受けていたに違いない)。それが終わったら深夜まで動画を編集して、買い出しに行く。

週に1日くらいは、お金を作るために日雇いのバイトで肉体労働をして、1万円を稼ぎ、そのお金を次の企画にあてていた。

そんな話を聞いて、鎌田さんは一言返してきた。

「つまり、毎月いくらあったらYouTubeに集中できるの?」

ちなみにこの段階では、僕は初めて面談でUUUMに訪問したタイミングだったこともあり、鎌田さんのことは、たまたま通りかかったおじちゃんだと思っていた。

全くもって、社長だとは思っていなかった(めちゃ失礼)。

そんな時だったからこそ、鎌田さんに毎日の企画費が200円くらいなのでその企画費分を負担してほしいですと伝えた。

鎌田さんは、

「じゃあ5万円を毎月振り込むから、バイトを辞めていいよ」

一言言って、去っていった。

流石(さすが)にかっちょよかった。その頃はトミーに企画費の半分を負担してもらうために、お小遣い帳に毎日買ったものの値段をメモして、半分に割って請求していたのを覚えている(でも実際には、買ったけど、企画で使わなかったものもあった。請求しづらくて苦渋の決断で払っていたものも多くて財布がいつもヒーヒー言っていたのを覚えている。お人よしすぎたなと反省している)。

パソコン、ソフトなどは自分で必要だと思った機材なので、当然自己負担にしていた。根本的には、自分がやりたいことをやっていて、不確定な選択ばかりが多い時期だったので、相方であるトミーがお金がかかりすぎることで、やめるなんて言い出したら困ると思って、必要以上にプレッシャーをかけないようにしていた。あくまで、僕が成功したいから好きでやっている感覚だった。その頃にいつもいつも聞かれていた雑誌の質問は、自分だけ編集や企画などをしていて、トミーに対してどう思っていますか？　という質問だった。

答えは意外とシンプルで、素直に感謝をしている。

自分のやりたいこと、見えている夢に対して、人生を一緒にかけてくれる人が大学生の頃に近くにいるなんて、相当に運がいいことだというのがわかっていたからだ。

それをしてくれている時点で、僕からしたら大きな借りだったのだ。

自分の人生は、いついかなる時も自分でかけられるが、他人の人生をかけてもらうことは簡単じゃない。もちろんどこまでいっても１００％成功するなんて、この世に存在しないからこそ、人生をかけてくれた人にはできる限り手厚く、もてなして生きていきたいと思う。

それはＡｒｋｓ（アークス）のメンバーにも同じことをいえる。Ａｒｋｓとは僕が創った映像制作会社である。初期の頃から9年も一緒にいてくれる拓朗と健太は、人生を共にする最高のメンバーだ。他にも僕は、僕を助けてくれた人への感謝や恩を忘れない。いい意味で打算的に、自分がいい人だと思う人、救いたいと思う人とだけ仕事をしていきたいと思う。

僕が、拓朗（現Ａｒｋｓの社長）と仕事をし始めたのも9年前に当たる。当時は水溜り（みずたま）ボンドが少しだけ調子がよくなり、走り始めた頃だった。

拓朗のお父さんが亡くなったという話を聞いた。

大学で同じ学部だった拓朗は、それ以来大学に顔を出さなくなった。

そんな状況で、僕はどう声をかけたらいいかわからなかったけれど、その時に、俺と一緒に働いてくれないかと電話したのを覚えている。

そこで心が折れて、ちゃらんぽらんになるくらいなら、一緒にでかい夢を追うことが今、やるべきことなんじゃないかと、伝えた。人生で初めてしっかりと人に頼ろうと思えたのが、拓朗だった。彼にはそんな懐の深さと人望があった。


そんな人生を賭けてYouTubeをし続けた日々は、超楽しかった。

毎日動画を投稿した後は、お世辞じゃなくて宇宙に向けてロケットを発射したかのような気分になった。シリアスさとピリつきと、大胆さがそこにはあった。

毎日人生を託して、今日の動画を発射する。


その動画の良し悪しで自分の人生が変わってしまう。例えば、再生数が悪い日は友達と食べるご飯は全く味がしなく、友達の幸せそうな就活の成功話はとてもじゃないが、聞いていられなかった。逆に巨大チャーハンの動画が、アメリカの『ＴＩＭＥ』誌に掲載された時は、どんなことよりも誇らしかった。その日の夜ご飯はチャーハンにした。

よくわからないが、多分日本一チャーハンに感謝をしながらチャーハンを食べていただろう。

少し思い出しただけでも、とめどなく思い出が蘇る。とにかく精神をすり減らして、すり減らして、1㎜でも遠くへいきたいという気持ちが連なって、集まって、自分はここまで来たんだなと思う。

そしてこの仕事につけたことが本当に誇りに思えて、そんな仕事に出会える人生は最高だな、と思っている。

家族

今日は家族の話をしよう。

一体YouTuberの息子を持つ親ってどんな気持ちだったんだろう。

果てしない疑問が湧き上がってきた。想像を絶する。

「まさか自分の息子がそっち方向に行くなんて」

だろう。これを読んでいる人も自分の子供がこうなったらどうしようと重ねて、考えてみてほしい。ある日、自分の子供が真剣な顔で

「YouTuberになろうと思う」

そう言ってきたらどう感じるだろうか。

そんな話を父親にした日を今でも鮮明に覚えている。めちゃくちゃ怖かった。ドラマなんかだと、だいたいこういう決断をするときは、子供の方がもう夢に熱中していて、どんなに止めても止められないっていうのが、よくあるパターンだ。

しかし、僕の場合は違った。止めたら、しっかり止まりそうだった。でもどうしても、やりたそうに伝えたと思う。大学の４年生の頃だった。

その頃、父と僕との関係はちょっと複雑になっていた。

父が転勤族だった関係で、そもそも僕の生まれも変わっている。マレーシアの小さな病院で、母は僕を産み落として、僕の人生は始まった。

母に聞かされた、唯一覚えている小さい頃の話がある。出産後すぐに、お腹(なか)の上に僕を抱えさせられたという話だ。母は疲れて寝てしまったので、もしその間にすり替えられていたとしたら、あなたはうちの子じゃないんだよというエピソードだ。

結構えぐめのブラックジョークをありがとうございますと思った。

マレーシアでは、メリーさんという人によく面倒を見てもらっていたらしい。その人が僕のことをマイケルと呼んでいたそうで、ミドルネームとしてそれが入り、佐藤マイケル寛太と言われるようになった。いや、メリーさん。マイケルじゃなくてカンタって呼ぶっていう選択肢はなかったんですか。もう生まれた時から色々と普通じゃない家庭だったことは伝わるかと思う。

そして一歳の頃に日本にやってきた。来日だ。帰国ではない。僕の場合、マレーシアに行ってようやく帰国だ。そして、僕の家庭は怒涛の動きを見せる。

小学4年生の頃にアメリカのシカゴに行くことが決まる。ある日突然言われたのを覚えている。

「夏休みが終わる頃の2学期からアメリカに行くことになるぞ」

と父が言った。死ぬほど辛かったのを今でも思い出す。しかもちょうどスーパーの福引で1等のオオクワガタの幼虫が当たったタイミングだった。それがアメリカに持っていけないのが、ひどく悲しかったことも覚えている。

日本にいる友達と離れ離れになり、突如アメリカでの生活が始まった。父は流石に可哀想だと思ったのか、仕事で忙しい中でも、休日はテニスをしてくれたり、ゴルフをしたり、いつも一緒に遊んでくれた。自分の中で唯一の遊び相手が父だった。あとは、飼っていた犬のミミもいつも自分を支えてくれていた気がした。アメリカに連れてこられたミミは不憫だった。シカゴはマイナス20度になることもあったから、寒すぎていつも鼻水が凍っていて、そりゃないぜという顔をしていた。不憫な仲間がいるだけでだいぶ心は楽になった。

そして、3年ほどアメリカで生活した後に、また突然日本に帰ることになった。

元々、中学2年まではいると言われていたが、自分の中学生活などを考えて、中学1年生で日本に帰国することが決まったのだ（今振り返ると、なんとか日本に僕のことを帰らせてあげたかったのかなと思う）。

父と姉はアメリカに残ったので、それからは、母と兄との生活が始まった。兄は実質1年だけ同居する形だったので、中学から大学の頃までの合わせて7、8年くらいは、母と2人で暮らしていたことになる。小学校の頃に、一番一緒に遊んでくれた父とは何やらよくわからない溝ができ始めていた。すごく尊敬していて、仕事も家族のためにしてくれているのはわかっていたけど、微妙な距離感が生まれていった。

話は戻る。そんな離れ離れな環境を過ごした父が、ようやく日本に帰国したタイミングで、YouTuberになるとカミングアウトしなければならないなんて。そういう状況も重なって、言葉が詰まる状況である。かなりの時間が空いたので、日常会話も極端に減っていたし、学費を出してもらって、いい大学に行かせてもらっているのに、急にここで僕がまさか変化球を投げることになるとは思っていなかっただろう。

子供として、自分の家庭の変化球さには飽き飽きしていたのに、自分がここで豪速の変化球を投げるとは思っていなかったから、自分でも、遠慮気味だったと思う。直前までストレートに真面目に育ってきましたという直球がカクンとキレのいいフォークに切り替わったのだ。そんな球は父にとってデッドボール寸前の球だったと思う。

実は、そのカミングアウトの言葉が出るまで、1年以上もかかった。登録者数は気づけば0から1000。そして1万、10万と跳ね上がっていった時期だった。その間、食卓で一度も父からYouTubeという単語は出てこなかった。

母は知っていた。父が知っているかどうかはわからない距離感だった。ただ一度だけ、深夜にふと起きてトイレにいく時に、父の部屋から、

『はいどうも～』

という僕らの動画の挨拶の声が聞こえてきてしまったことがあった。

この時のことはすごく覚えている。めちゃくちゃ恥ずかしくて、トイレで何も出なくなった。

それでも次の日のご飯は、普段通りの顔で、誰もYouTubeなんて言葉は出さなかった。知らんぷりだった。父はきっと、まあそんなことをやっていても普通に就活に活かして、頑張るだろうと思っていたと思うが、どうやら毎晩、徹夜で朝まで編集している様子や、朝は早く出ていく情熱を見て、だんだん様子が変わっていくのを肌で感じていたと思う。

そんな中で僕が突然、覚悟を決めたのだった。

このままの関係では、よくない。

僕から話さないといけない話だと認識した。理解を本当にされなくても自分からしっかりと伝えることに僕は意味があると思って、父の部屋に夕食後に行ったのを覚えている。

「就職活動の話についてなんですけど」

口火を切ってみた。が全然言葉が続かなかった。

立っているだけで視界がグルングルンと回転し始めて倒れそうになった。

この一言を言ってしまったら、自分の家族という一番強固な場所が、あれよあれよというまに、揺らぐ可能性がある選択だと思っていた。

父から返ってきたのは、

『趣味じゃないのか？』

という言葉だった。あの頃の自分にはひどくショックな言葉だったが、今振り返ると当然だ。全く知らないインターネットの世界に、息子が進みたいと言ってきたところで、どうしようもないと思う。ただ、その後に、僕が大学3年までで4年生までの単位を取り切って、できる限りの準備をしていたことを話して、就職活動をしないのではなく、保険として、自分のお金で1年だけ大学を休学する話に落ち着いた。

その1年の間で登録者数100万人を目指すことにした。そこまでいけたら胸を張って趣味じゃないと言おうと思った。

もし自分の息子が、将来そんな話を僕にしてくる日が訪れたら、僕だったらもっと色々言ってしまうかもなと思う。僕も含めて奇妙で素敵な家族だと今、振り返って思う。

自分の中での YouTube 活動史上での最大の思い出は、幕張メッセという7000人規模の大舞台に立った時に、父親が見にきてくれたことだ。

ステージで、

「父親が見にきているかもしれない」

と口にした時に、会場の後方の関係者席で父親が両手をあげた。

会場のスポットライトが一斉に父に集まり、照らされた父親をステージから見た。

結論。YouTube は趣味じゃなかった。

愛犬のミミとの別れ

今日は僕が、2歳の頃から飼っていた犬のミミの話をしよう。

ミミという名前は、僕がつけた名前だ。

「耳が大きいからミミ」

2歳くらいの僕には、ミミの耳が大きく見えたんだと思う。ただ犬の中では普通の耳の大きさなので、僕はどんな犬がきても、ミミにしていたのだろう。

ミミは、保護犬としてうちの家にきて、はじめは外で飼われていた。しかし、幼稚園の

頃に習い事の剣道から母と帰ってきた時に、豪雨の中で、なぜか犬小屋に入らず、外でガクガクブルブル震えていたことがあった。そんな可哀想な事件でうまく同情をかって、室内犬に成り上がるという経歴を持っている。

僕は小さい頃から動物がわりかし好きだったので、家で犬を飼うということはすごく忘れられない出来事であった。どれくらい動物が好きだったかというと、おじいちゃんと公園に遊びに行った時に、歩いている鳩を手で捕まえておじいちゃんに見せて、腰を抜かされたくらいだ。そのほかにも怪我している鳩を家に連れ帰って、治るまで治療してみたりだとか、あまりに動物と人間の垣根を感じていない動きをする驚異の子供だっただろう。

ミミには、ずっとずっと支えてもらっていた。

小学生の頃に、父の仕事の関係でアメリカに引っ越すことが決まった日も、一緒に悲しい夜を過ごした。結構大きい犬だった（正式には太って大きくなった）。

いつも枕にして寝ていた。でも本当は、枕にしてるように見えているだけで、僕の頭が重かったら可哀想だなと思って、頭をちょっと浮かせていた。そんなミミとの秘密はいくつもあった。

友達がうまく作れないアメリカ生活を、3年ほど経験した。あの頃はとにかく辛かったのを覚えている。アメリカのシカゴで突然生活することが決まって、学校の英語のテストでもいつもいつも0点をとっていた。一生懸命勉強したのに、NAMEという名前を書く欄の意味がわからなくて、0点にされたことだってあった。そんな時も家に帰れば、どんどんとアメリカナイズドされて太っていくミミが迎えてくれた。ミミも、体格が大きいアメリカの犬と遊ぶ生活になって、同じように理不尽な思いをしているはずなのに元気にしている姿を見て、自分も頑張ろうと思えた。

アメリカ生活も終わりを告げ、ミミも一緒に日本に帰国した。飛行機では犬は貨物扱いになってしまうので、飛行機が揺れるたびにショックで死んでしまわないかとすごく心配になった。帰国してからは母と、僕と、ミミの3人での暮らしが始まった。

気づけば10年以上が経ち、僕は高校生になった。部活で忙しくなっていた時期に、ミミは15歳になっていた。この時点でかなり長生きである。この頃からどんどんと体調を悪くしていった。自分の人生で一番長く一緒に生活をしてきた動物が弱っていくのは、すごく辛かった。

生命の儚さをまざまざと体感する時間だった。一緒に人生を、犬生を、歩んできたほぼ同い年のミミはどんどんと歩けなくなっていった。

それからは大学のサークルを抜けてでも、犬の介護をする日々が待っていた。母がずっと家で面倒を見ていて、少しでも目を離すとミミは暴れてしまって血だらけになってしまうほどの状態だった。家に帰ると辛い辛い日常があり、現実が待っていた。

母親と喧嘩すればミミに相談し、辛いことや両親に言えない悩みはミミが聞いてくれた。

ミミは介護されるようになってから5年も生きて、僕が立派なYouTuberになった頃にその命を燃やし尽くした。二十歳だ。二十歳といえば成人式だと思った。犬で成人式を迎えたら色々ややこしいなと思った。そして、5年間も絶え間なくミミを介護し続けていた母の愛と継続力、信念には感服した。

そんな日も、毎日投稿があった。どうしようもなく、今日だけは動画を撮りたくない気分だったし、自分にとって耐え難い出来事だった。自分にとって、耐え難い出来事が起きてしまったという話をYouTubeでしようかと迷った。でもしないことにした。

理由は詳しく言語化できないけど、絶対にしたくなかった。

プライベートを曝け出すことがYouTubeだとしても、周りのYouTuberがペットの死を動画で語っていたとしても、本当の本当に辛い部分まで曝け出すことが、僕はYouTubeではできないようだった。一体どんな顔をして、動画を撮ればいいのかわからなかったし、視聴者さんに心配をかけたくないという性格が出ていたのかもしれない。

その日は何事もなかったかのように、動画を撮影して、投稿した。

きっとあの頃はまだ、インターネットが怖かったし、視聴者さんやファンの力のことを信頼できていなかった側面があったのだと思う。どんどん視聴数が大きくなっていった時期に、不特定多数の人に共感をしてもらうことは正しいと思えなかった。御涙頂戴に見えてたまるかという意地が出てしまったんだと思う。

今こうしてこの話を本で書けていること自体に自分も驚いているし、きっとこの本を読んでくれるあなたには、このYouTubeという世界で、毎日投稿を通じて僕が、感じてきた様々な思い、封じ込めた気持ちを、伝えてみたいなと思えたのである。

脳みそが限界だ

もう一生、忘れ物をしない。
忘れ物なんてしたくないに決まっている。
忘れ物も遅刻もしてよいはずなんてないからだ。
それなのに、なぜ忘れ物をするんだろう。

人によって忘れ物に対する考え方が違う。
自分は、そういう人間だからしょうがないと諦めたり、別のことを頑張って取り返そう

とする人もいると思う。YouTuberだったり、クリエイターだったりで、いい意味でそう吹っ切れる天才属性の人もいる。

でもそれは自分にはなかなかできない。どうしてもそう思えないのだ。

本心は、自分自身にあまり自信がないからである。まともな人間じゃないと主張するということは、一生いいものを作り続けないと存在価値がなくなるという宿命になる気がする。

創ったモノに自信は持ち続けたいけど、次に創るものにまで自信が持てない。次こそ何も思いつかないかもしれない。そんなに自分は、アイデアを出せないかもしれない。こんな感じで毎回ものを考えるときは、不安な気持ちとワクワクする気持ちが入り混じって始まる。

そんなわけで自分はまともな人間になりたいと思っている。忘れ物をするたびに落ち込んで、改善して、改善しても、また忘れてを繰り返している。

小さい頃はもっと忘れ物が多かった。

すぐ他のことを考えたり、別のことに興味を持ってしまう。その場にいるようで心はどこかに行ってしまう。

この宿命（かっこよく言っているがちゃんとすればいいだけ）に抗（あらが）って、抗い続けてきた人生だ。

たとえば、成田空港の第二ターミナル集合なのに、羽田空港の第一ターミナルで人を待っていたことがある。

なぜ2つもミスってるくせに、堂々と10分前についていて待っていたのか。その自分の間抜けさに泣きそうになりながら、馬のようにタクシー乗り場まで走った。羽田からタクシーで、成田まで直行。そんな自分がショックすぎて、本当に時間に間に合うのかわからず、プレッシャーに押しつぶされた。

Googleマップの到着時刻が、1分、また1分と遅れるたびに焦りを感じて、結局タクシーの中で、失神してしまった。迷惑をかけているマネージャーさんからの心配の電話に、失神して出られなかった。

終わり人間だ。


でもここで一つ言わせてほしい。都心近くの飛行場がどちらも成田と羽田で『田』がついていることに、ちょっとやめてくれよ的な何かを感じる。

もうそれは引っ掛け問題じゃん。

漢字の右と左も、ナが似すぎていて、認識しづらい。逆のことを言ってるのに、全く逆じゃない。PULLとPUSHもPUが同じだから、遠くから視認しづらい。もうやめてくれよ的な何かを感じる。

実際は確実に全て自分が悪い。

それ以降は必ず何度も何度も、空港だけは確認するようになった。必ず昨日よりも今日の自分は悪い部分を直して、いい部分に変えたい。変えなければ、生きている意味などないのではないかと考えてしまう自信のなさ。

昔はスマホを画面が割れたまま使っていたことがあった。今もこれを読んでいる人の中で、スマホの画面が割れたままの人がいると思う。

直したほうがよい。

単純に他人から見たらスマホが割れている人間だというレッテルを貼られてしまう（僕は割れている人の気持ちがわかるから何も思わないが、世間一般ではそう思う人がいるとよく聞く）。

今はもうスマホの画面が割れないように、保護シールもしてるし、ケースもつけてる。

もし割れてしまったらすぐに直すだろう。

僕はスマホの画面割れを放置したことでえらい目にあったことがある。

昔、割れたまま使っていて、タクシーのアプリの迎車ボタンが、割れた画面のセンサーの反応によって、押され続ける奇跡の誤作動が起きてしまったのだ。

いつも通り、タクシーがそろそろ来たかと思って表に出たら、目の前に10台タクシーが並んでいた。センサーの誤作動でずっと長押しになっていたらしい。

全く笑えない。

全員佐藤さんを探していて、泣きながら全てキャンセルした（1台だけ乗る勇気もないし、本当に反省したんです）。

他にもお風呂を溜めたら、溜めたことを忘れてしまったこともある。その間は作業をしないようにした（二階のお風呂のお湯が、一階まで階段を下ってきたことがある）。

何かを忘れて、人に迷惑をかけないために徹底的にカレンダーに、スケジュールを入れることを習慣にし、毎朝 toDo リストを作るという生活をし始めた。

自分に甘えたくないのだ。ただ甘えたくないと言う割に、欠陥が目立って余計に迷惑をかけてしまうこともある。

でも自分の計画や感覚では、だんだん成長している自分を感じていて、なにか前に進んでいる気もする。

小さい頃、クリスマスに買ってもらった「でかい剣がかっこいい戦隊マシン」をなくした。よくある5つくらいのロボが合体して一つのでかいロボになるあれだ。

大切すぎて、四六時中ロボを持ってスイミングスクールに通っていた。

そんなある日、帰り道で事件が起こる。抱きかかえていたはずのロボが家につく直前で、腕の中にないことに気づいた。

ドッと冷や汗をかく。

「え、絶対にない」

帰り道の最寄り駅からの間に落とすことなんてあるのだろうか。

そうだ。空にいた鳥を見ていたときに、絶対に落とした気がする。

母親を置いて、一人で帰り道を探しに戻ることにした。落とし物やなくし物をするのは、すっごく不安になる。心臓がドンドコと重低音を響かせていた。

急ぎ足で現場に急行する。

奇跡が起きた。

完全に道の脇にヒーローがひれ伏していたのだ。

「よかった……」

そう思って急いでヒーローに駆け寄った。

もう君のことは離さないよ。

とヒーローを抱き抱えたときに、ふと気づいた。


あの剣が、かっこいいヒーローが持っていたはずの剣がない。

「おい！　ロボヒーロー。お前もなくしてるじゃないか」


僕はなくしてないし、ちゃんと拾いに来たし、見つけたのに。

お前はお前の持ち物をなくしてるじゃないか。この二重紛失。本当に納得がいかなかった。

ヒーローであるロボも、物をなくすと知った。

学生時代、電車の網棚に荷物を丸ごと置き忘れて、学校に到着してしまったときもびっくりした。取ってもいない授業にまで出る真面目な性格のはずだった。

こういうことが頻発するので自分は車を運転をするのが、怖くなってしまった（いまは運転は全く違うものだとわかっていて、数年走っても未だゴールド免許だ。そう俺はゴールド免許が似合うかっこいい男なのだ）。


こんな僕の、人生最大のやっちゃった事件は、ブラジルに動画の罰ゲームで行った時だ。

行きの飛行機で事件は起きた。離陸の際に、飛行機が若干斜めになるのをご存知だろうか。そのときに肘置きに、僕はスマホを置いていた。

スルッとスマホが動き出し、手元の肘置きと座面の間になぜか存在する1㎝ほどの隙間に、スーッと入っていったのだ。

あまりにきれいで笑った。

当然とれるだろうと思って、指を突っ込んでみても、全く取れない。

急いで添乗員さんに助けを求めた。衝撃の一言。

「よくそこにスマホ入れてしまう方がいらっしゃいます。でもそこにスマホが入った場合は、絶対に取れないんです」

正直、そんな穴塞いでおいてくれよと思った。

ブラジルという日本の真裏に行く不安定な精神状態の僕にとってはかなり目の前が真っ暗になる出来事だった。自分はもう運が悪いのか、逆に美味(おい)しいのかわからないがそういう事故によく巻き込まれる。

絶望した顔をしていたら添乗員さんがもう一言。

「アメリカで乗り継いで、そこからブラジルに行かれると思うので、そのブラジル行きの飛行機の離陸までに必ず持っていきます」

天使はやっぱり空にいるんだなと思った。

地球よりも大きな安心感と、スマホ禁止の12時間の退屈だけが待っていた。そして、その後の旅は順調に進み、乗り換えのアメリカで数時間の時間を潰して、ブラジル行きの飛行機に乗り換えることに成功した。

離陸。

衝撃。

スマホ。

こない。

もはや乗る飛行機を間違えてしまったのかと疑うほど、スマホが登場する気配はない。

急いで添乗員さんに英語で話しかけた。

シカゴに3年住んでいたわりに、上達しなかった英語を駆使して、スマホの在処を聞いた。

「Where is my phone?」

オレンジジュールかコーラ、どっちが飲みたいか聞き返された。

「Orange juice or coke?」


ばんざい。

ブラジル一週間の旅で、全く電子機器が使えないぞ。

焦って泣きそうになりながら、なんとかパソコンをW・i F・iに繋げて、ガイドさんに連絡。

もう僕は誰にも頼らない。地球の果てでだって、自分の力で生きてやるぞ。

決意が固まった。

「スマホをそっちでレンタルすることできますか」

そうガイドさんに連絡をして、返信は見ることができないまま、飛行機がブラジルに降り立った。まずガイドさんを見つけられなかったら、僕は多分死ぬんだなと思った。

お母さん。と大声で叫んで、泣いてみようかなと思った。


そして、数十分の捜索を経て、ガイドさんと遭遇をすることに成功した。

ほぼ歩くスマホを見つけたようなものなので、最高に嬉しかったのを覚えている。

ガイドさんは言った。

「スマホ契約しておいたで」

神だった。

地球の裏側に神がいた。意気揚々と動画の撮影場所に向かう。


この時、撮影した企画は、『世界一危険なウォータースライダー』である。

ビル14階くらいの高さのところから、ほぼ90度の角度で落ちるウォータースライダーだ。

なんなら事故も起きてますみたいな感じだった。スマホを手にした急な安心感と恐怖が入り混じって、頭が一杯になっていた。GoPro の動作の準備も、なにもかも YouTuber は自分でやらなくてはいけない。メモリーカードの空き容量や、カメラの映り方。バッテリーの持ち時間含めて計算する。頭は常に優先順位を考えながらグルグル回っている。恐怖なんて二の次になっていた。

そしてそびえ立つウォータースライダーの前につく。

バタン。ブーン。

僕らを乗せてくれたタクシーは去っていった。

車の後部座席の、前ポケットに借りたスマホを入れたままだった。

お母さーーーーん！　そう叫んだ(実際に叫んでいないか、叫んだかももう覚えていない)。

それから1週間、スマホがないブラジル生活が確定した。

僕は、あまりにも情けなくて、ガイドさんにスマホをなくしたことを言えなかった。

流石に間抜けすぎて、言い出すことができなかった。僕は1週間、スマホがあるみたいな顔で生活をし続けることを決めた。

最悪な人間性であることは間違いがない。

でも、想像してみてほしい。

この信頼や人間性が大切な長期旅で、初っ端からスマホをなくしてるやつがウォータースライダーからスル〜っと滑り降りてきたら、確実に関係性は終わるだろう。


それからというもの、ホテルでの集合は、30分前にロビーにいるようにした。

スマホで確認の電話がきた場合、取れないとスマホをなくしたことがバレるからである。

単独行動も、合流できないから、

「危険なので、一人の行動はあまり、したくありません」

と言った。


話は少し変わる。

落とし物で現金を拾って、3ヶ月持ち主が現れなかったら、自分のものになるという話を聞いた。もし僕が1000万円を拾ったらどんな感じになるか考えてみた。

もちろんすぐ交番に届けて、なくした人の手元に戻ることを心から願うと思う。

でももしそれで、2ヶ月が経過し、2ヶ月半が経過したらどんな気持ちになるんだろう。

3ヶ月が経過したら、そのお金は自分のものになる。

時間が経てば経つほど、

『あと3日間で1000万円……』

みたいな気分になってくるのだろうか。

ほぼ『逃走中』だ。

ラスト1日とかまで来ちゃったら、お寺とかで、拾う人が現れませんようにと、願ってしまうかもしれないと思った。

これが自分の醜さだなと思いつつ、もし1000万円拾って、その時は欲がなくても、もらえますよって言われて、その権利があるのに期待しない人なんているのだろうか。

もしそんな人がいたら、それはそれで逆に怖いのかもと思った。

実際そんな経験をしたらどうなるのかは本当にわからない。

シュレディンガーのカンタだ。

スーパーナチュラル

最近はもっぱらスーパーナチュラルしてる。

食事、睡眠、そして運動は全部スーパーナチュラルを意識した生活になっている。

今までは人生でそこまで健康などを意識したことがなかったけれど、スーパーナチュラルに出会って割と人生が変わったのを感じている。

こんな怪しい文章が羅列されていて、今あなたはどんな顔をして読んでいたのだろうか。

申し訳ないが、スーパーナチュラルとは僕が勝手に提唱している言葉だ。

そういった健康法があるわけでもないのに、基本的に、自分は今それをしているということにしている。カンタのカンタによるカンタのための架空の健康法。それがスーパーナチュラルである。

なので実際何をしなくちゃいけないとか、何をすることが健康になるというような健康法ではない。自分自身の心にどうしたら、ナチュラルであって、身体（からだ）が喜ぶのかと問いかけ続けるという、逆に死ぬほど怪しい健康法である。気をつけた方がいい。絶対にやらない方がいい。

この章では、スーパーナチュラル（以下：ＳＮ）をしている佐藤寛太（以下：ＳＫ）がどんな気づきを得て、何を実践してどういった結果が得られたのかという点にスポットを当てられたら良いなと思っている。

ＳＫがＳＮを始めてまず実践したのがサウナ（ＳＮ）だ。

ＳＫがＳＮを考えている時に、ＳＮをすると、ＳＮＳを忘れることができるということに気づいた。

しっかりと読んでついてきてね。

日々インターネットの世界に生きている自分や仕事をしている読者の皆様のことを思うと、他人のためにばかり生きてしまっていて、1日に実は1分も自分のために使えている時間がない日があったりするのではないだろうか。

それを打破するのがSNでSNに入ってNO SNSである。

身体と向き合い、身体を整えていくという時間が一番重要で、その時間を1日に数時間持つだけでも、あくまで自分がいて他人がいる、そんな当たり前の順番を間違えなくて済むようになる。

それをしていないときは、長期的には自分のためであろうが、今ある問題だけで頭がいっぱいいっぱいになってしまうことがある。

まとめ①

ＳＫＳＮＮＯＳＮＳである。

そして次に重要なのは、サウナに連動させて、ジムに行くということだ。ジムでトレーニングした後にサウナを連動させる。代謝も上がるし、汗も一気に流せる。ほてった身体だからこそ、サウナもより効果を実感できる気がする。

そして、ジムでのトレーニングメニューは、ルームランナーの傾斜角度を12度に設定し、40分間、４・５〜５㎞／ｈで歩くということだ。

それをすると、尋常じゃない汗をかくというのは、研究結果で証明されていると友人のサワ（ＳＷ）が言っていた。もちろん他人から健康に関しての知識を日々収集していくことも重要である。

40分のウォーキングをしている時は基本的になかやまきんに君さんのYouTubeを見るようにしている。なかやまきんに君さんのYouTubeは非常に面白く、身体が何をしたら喜ぶのかというのを考えに考え抜いている人なんだなとわかる。

なかやまきんに君さん（以下：NS）は確実にSNである。NSはSNで、きっとSNも入っていて、SNSはあまりしていないだろう。

現状報告でいくと、カフェインを身体から抜くことにした。

正直これが一番きついのではないかと思っていた。YouTuberを始めてもう9年になるが、YouTuberになる前から毎日1本エナジードリンクを飲む習慣がついていた。

よくエナジードリンクは元気の前借りというが、前借りしすぎて、多重債務者になってしまっている。

大概のダイエットってその場しのぎになりがちだと思っている。これを食べたら痩せる、これをやめたら必ず痩せるなどという話はすごく短絡的で、方法論として頭に入れるのはいいが、一番自分の身体を客観的に見られているのは自分でありたいと思う。

最後に重要なのが、できるかぎり野菜を先に食べて、合計カロリーを1000以下にする。もちろんこれは僕のスーパーナチュラルであって無理して真似をしないように。

YouTuberは、大食いをする日は摂取カロリーがゆうに3000、いや4000を超える。

だからこそ僕のＳＮに追加したルールだ。

まとめ②
自分で考えて、あなただけのスーパーナチュラルを。

なぜこうもまあ、何にも無頓着だった僕がこのようなスーパーナチュラルに目覚めたのかをここからは話せたらなと思う。
元々、健康なんて全くと言っていいほど気にしたことがなかったし、学生の頃は常に皆勤賞みたいな生活を送っていたので、身体の丈夫さには自信があった。だからこそYouTubeを始めてからの5年は無茶苦茶な生活を送っていたと振り返ると思う。

例えば、チョコとエナジードリンクだけで生活していた（ガチです）。
家にはベッドがなく、ゲーミングチェアを倒して寝ていた時期や、Yogiboを枕にして、窓の近くで寝ていたこともあった。理由は簡単で、寝づらさが自分には重要だった。嫌でもその不快感で目が覚めるので、どうしても眠るべき時だと思う時以外は寝たいと思わなくなったし、ある程度寝たら、起きたいと思うからちょうどいいという背水の陣作戦をしていた。

大学にも一番早くに行って、一限の授業を受けては、空き時間で椅子を並べて仮眠していた。そんな朝なのか、夜なのかわからないような生活を送っていた。それくらい必死だったんだと思う。


でもその生活の代償は割と大きく、最近ではそのつけが回ってくるようになった。例えば、単純に視力の低下から始まり、突発性難聴にもなったし、体重も大学生の頃に比べると約10kgも増えていたりする。


それ以外の割と大きいものだと、動画では当時あまり触れていなくて、仲間内でも一部にしか伝えていなかったが、パニック障害になったこともあった。

寝ている時に、身体の震えが止まらなくなってしまった。

喋(しゃべ)ろうにも、身体が震えていて、うまく話せないような状態になってしまった。焦りとか、色々なものを感じたあの恐怖は忘れられない。きっと気づかないストレスがたくさんかかっていたんだと思う。

初めて発症してしまった時はかなり狼狽してしまって、なんとか落ち着くためにお湯を飲みに行った。身体が震えたままコップにお湯を注いだ時に、熱湯が自分にかかって熱すぎて震えが止まったのは荒療治すぎて笑ってしまった（真似しないように）。

実際はそんな笑い話にしている場合でもなく、どうやら身体は悲鳴をあげていたんだと思った。

自分が自分らしくあるためには、自分が自分を大切にしてあげないといけないんだと思う。他人や自分のために身を粉にして働くことは素敵なことかもしれない。でもそれは僕は気の済むまでやったので、次のステップに責任を持って行かなくてはいけないと今は思う。自分が身を粉にして働ける覚悟さえあれば、身を粉にしないで働く覚悟もあるという意味になるはずだ。

だからこそ、今は身を粉にして死ぬまで作りたいものを好きなだけ作るために、健康というサブスクに入ってみよう。これに登録しておけば、お金や時間はかかるけど、将来的にもっといい人生になるだろう。
結論：だから僕はゴルフを始めた。

毎日投稿をやめた理由

理想の暮らしってなんなんだろう。
実はこの本を担当してくださっている方に、書いてほしいテーマを聞いた。理想の暮らしを教えてほしいということになった。

きっとカンタって、休日とかあるのかな？　何してるのかな？　将来どうするのかな？なんて思って出してくれたテーマだろう。YouTuberである自分は10年の動画投稿を経て、一体何を幸せに感じているのか。何を理想の暮らしと捉えているのか考えてみることにす

る。

理想の暮らし。仮眠をとっていた時に、寝言で「自由になりたい」と言ったことがあることを思い出した。

怖い話だけど、深層心理は自由を欲していたのかもしれない。自由になりたい自分の潜在意識と、動画が楽しくてどこまでも自分を縛り付けてしまう自分の矛盾がピークに達していた頃だった。

どっちも嘘じゃなかった。嘘じゃなかったからこそ悩みに悩んだ。右を見ながら、左を見ろと言われているような気がした。そんな中で僕は、右を見ながら、

「左も見たいんだ！」

と叫んでいるような感覚だった。

これを経て、よく考えるようになったのは、『鋼の錬金術師』という漫画に出てくる「等価交換」という言葉だ。

人生、何か得たら、その分は何かを失うという意味だ。それを一番顕著に感じたのは「6年間、2000日以上も毎日欠かさずに続けた毎日投稿を終了すると決めた時だった。

とにかく、水溜りボンドといえば毎日投稿が代名詞だった。

これがなかったら今の自分は当然いないし、今でも毎日投稿をしていたかった気持ちだってある。当然、毎日投稿に飽きたわけでも、面倒になったわけでもなかった。もしかしたら、僕にとっての理想の暮らしを追うためだったのかもしれない。理想の暮らしを追うことが、何かを頑張れるエネルギーであると思う。

毎日投稿を絶対にやめるべきではないことは、日本で一番わかっていた。

自分たちの最大の武器を、自分たちで捨てるようなものだった。ただ相当身体に、負荷がかかる生活になっていたし、どこからどう見ても僕の身体や精神の限界は近かったのだと思う。YouTube自体のクオリティの上昇にともなって同じ毎日投稿でも、どんどん無茶をするようになってきた時期だった。きっとあのまま続けていたら、自分がYouTubeを続けていられたかすら、わからない。

後から聞いた話で、一番信頼している編集チームの拓朗に、毎日投稿をやめることを僕は結局一度も伝えなかったらしい。それまでは色々なことを相談してきた親友である。でもそれでも、僕は拓朗に伝えることができなかったんだと思う。

結局人生は、長期戦だ。

死ぬ時によかったか、よくなかったかが全てだと思う。最後の最後で、もし運が悪くても、いや最後は最悪なんかーい！　って笑えるように生きていたいなと思う。そうやって自分で自分を笑っちゃう時って、決まって全力でやり切った時だった。

もちろん命は永遠じゃないし、そんなことはもう30まで生きていたら嫌でも理解している。昨日までいた人が、いなくなることもある。そういう死生観みたいなものに直面して、そこから自分は逆算して、理想な暮らしを考えている。

意地やプライドを捨てて、ピュアでフラットな生活が理想の暮らしだと思う。

なんてったって続けるより、やめる方が辛いことを毎日投稿の終了を決めた時に学んだからだ。

ただあの時やめてよかったと心底思っている。あのまま続けて、僕が倒れてやめることになった方が、僕もファンも悔しいし、悲しいからだ。

そんな経験を経て、捨てるものと、捨てないものが明確化していった。

それは生活においても同じで、まず一番大切なのは適度な余白だと思う。自分でコントロールが利くか、利かないかくらいの、ちょうどいい塩梅（あんばい）がかなり自分にとっては大切な気がしている。

例えば野良猫だけれど、家に入れてもらって住んでいるみたいな感じの猫が理想だ。ちなみに今、住んでいる家のお隣さんの猫がまさしくそれだ。実在している。

僕はその猫を見て色々と学んだことがあった。その猫は元々は捨て猫だったらしい。ある時から餌をあげていたら、家に入ってくるようになり、見事に野良猫から家猫へと昇格したという話だ。ただこの話には続きがあって、1年したあたりでドアを開けていたら逃げ出して、外の世界に戻ってしまったというのだ。

飼い主さんは悲しそうだったが、ちょっと笑ってしまった。

あの猫は、その後も家を自由に出入りしていて、飼い主さんもそれで幸せそうだからいいけど、根本的に家猫になれることが猫にとって、昇格であるという考え自体が、人間の押し付けだったのかもなと感じた。

家に入れてあげて飼ってあげて、ご飯が保障されるということが動物にとってこの上ない理想の暮らしのように見えていただけだったのだ。

あの猫からしたら、それよりも外の危険な世界の方が楽しいし、魅力がたくさんあったのかなと思った。もうあの猫は捨て猫ではなく、セルフ捨て猫になったのだ。でも最近は危険な旅に出ている様子もなく、いつもいつも庭で寝転んでいる。

それを見た時に、理想の生活とはこれだ、と思ってしまった。

基本的にできる限り多くの人の役に立ちたいし、誰でも助けたい。

面白いことをしていたい。割と自分の心は生まれつきどうやらそういうことが好きなタイプだ。その上で、みんなに求めてもらって感謝しつつ、それをできる限り大きくお返しする。

ただ絶対に依存関係になりたくない。そうなり始めた時に、すごく義務感を覚えるし、気を使ってしまって、理想の生活からはかけ離れていくのだと思った。あの猫は、家に入りたかったら入ってくるらしい。相当ジャイアンなのかもしれない。

それを正しく言語化してみると、責任を自分で取れる範囲で進んでいく人生が、自分は理想の生活の根底になってくるのだと思った。何でもかんでも任されると、嫌になってどうでも良くなっちゃうのだ。

理想の生活の条件は他にもある。

幸せのインフレを引き起こさないようにすること。

お金をいくら稼いでも、必要最低限があることに感謝をして、常に未来を恐れる。備え続けることが大切だと思う。視聴者さんもたくさん今は見てくれているけど、いつかはいなくなってしまうものだと思っている。それくらいのちょっとした寂しさと緊張感を持って日々、動画を作っている。そう考えておくことが一番長く見てもらえるような気がするからだ。

安定をしたらすぐに壊す。壊れることを考える。変化を考える。

そういった癖がある。とにかく一番怖いのは飽きられることだからだ。そのためには日々アンテナを全力でぶん回し続けて、琴線に触れたものを見つけたら全力で走る。すでに自分の手の中に理想の生活はあるといつも気づき続けていたい。その日に思ったように生きていることが理想の生活であることは間違いない。


社会に生きていて、ＳＮＳが発達した世界中に数字の物差しが生まれ続けている。

そんな中で、そんな簡単な物差しに、みんなも測られないように生きてほしいと思う。

もちろんＳＮＳは素敵なツールだ。

それと同時に破壊的な側面も当然持っていて、インスタには、周りの人の日々の一番盛れた写真が上がっている。自分はそんなに綺麗な生活をしていないなーと劣等感を抱えたり、逆に盛った写真を載せた人も、こんな綺麗な生活をしていたいなってどこか加工しながら思っていたりする。それぞれがちょっと誇張して幸せに生きているように見せて、劣等感という十字架を勝手に背負っている。


昔の僕は、昔の僕にとっての理想の暮らしをしていたと思う。毎日投稿が理想の暮らしであった。

ＰＣを毎日手に持ちながら移動していたし、電車でも編集をして、毎日10㎞走って。どうにか自分を肯定する方法を毎日探して、動画が伸びたら生きていてもいいよと耳元で囁（ささや）かれている感覚があった。

でもそれは今の僕の理想の生活とは違う。

自分の軸で、自分が素敵だなと思うものと、そう思える人たちに囲まれて生きていきたい。そして、たまに目立ちたい。

そんな具体性がない、スライムのような曖昧な生活が、僕の理想の生活である。

6年の毎日投稿をやめて起きた変化

一時期、A.P.C(アーペーセー)の服をずっと着ていた。

自分の中で初めて、オシャレというものに興味が出て、逆に毎日同じブランドだけを着ていた異常な時期である。

正直、人前に出るに値しない人間が人前に出てしまった例が自分なのだと思っている。

いまのネット社会は全く、裏と表が存在しなくなった。裏側で横暴な人は否応(いやおう)なく、炎上しているし、それくらい嘘が許されない世界になったと思っている。そんなタレントの裏表以外にも、制作側の裏方とされる人とスポットライトが当たる表方、演者の境目なども全くなくなってきた。

そして段々とエンタメを見る側も、その境目への意識がなくなり、プロデューサーやディレクターに昔よりも脚光が当たる時代になった。音楽の解説なども、全くなかった時代から、制作過程やバックボーン含めて努力が語られるようになってきた。

そんな中で、自分は表に出たいというよりは、出なくてもいいから面白い場所にいたいというタイプだった。


そんな自分が、YouTuberになって表に出て、沢山の人に認められて感じたこと。

「本当に表に出てよかった。最高に幸せな人生になった」

ということだ。

表に出なくていいと思っていたと格好つけていたが、自分の存在を見てもらえて、面白いと直接いってもらえること以上に幸せなことなんてない。

自分の場合、裏方への憧れを持っていたことはある種の逃げだったのだと痛感した。安全圏からの射撃のようなモノだ。どうにか自分へのハードルを下げたいというズルさで有名にならなくてもいいと思っていたけど、本当はこころが叫んでいた。

「面白いと思われたい。センスを褒められたい」

そんな自分は、とにかく見た目に気を使わなかった。なぜなら、自分は身なりがどうとかを見てほしいわけではなくて、作った楽しいものを、見てほしかったからだ。

だから変に小綺麗(こぎれい)にすることや、カッコつけることは、その作るものに、また違う見え方（承認欲求）が加わってしまう気がして嫌だったのだ。自分はモテたくてネットを始めたという要素が心からなかったからこそ、その見え方を排除したかったし、本質を1日でも早く見つけてほしかったのだ。

その時期にMSGMという高級ブランド店で一日バイトをさせてもらったことがあった。そのお礼としてバイト代とMSGMの高級Tシャツを一枚もらった。僕はMSGMを知らなかったので、パジャマとして使っていた。その当時なんて、全くお金はなかったし、あまりにもそういったものに興味がなかったから起きた事故である。知らなかったのでしょうがないと許してほしい。オシャレな四文字が前面にプリントされているだけで、そこまで値段が高くなるなんて知らなかったのだ。

そんなMSGMのパジャマを来て、地元の銭湯に友達と行ったときに、親友がみんなびっくりしていた。

「青学に行っておまえオシャレになったな」

中学の頃からの友達にいわれた。自分からしたらいつも着ていたスーパーボールのような派手な色のパーカーのほうが、数百倍かっこいいと思っていたのに。どうやら偶然、黒Tに黒ズボンを合わせていた僕に、地元の友達は衝撃を受けたと同時に、いつもの僕の格好がオシャレじゃないと思っていたという本心が出てしまっていた。

その日、僕のオシャレ感にパラダイムシフトが起きた。

表に出ているからとか、そういうことではないかもしれないが、人間として最低限の基準があるのではないか、寝癖は直したほうが良いに決まっているのではないか、と考えるようになった。もちろん、時と場合によって服のトーンを合わせるなんていうマナーは当然あるが、人間は内面が全てだと思っていた以前の自分からは驚きの結論だった。

僕の場合は、応援してくれる人がいるからこそ、応援していることを、胸を張ってもらえる人間になりたいなと思うようになったのが変化のきっかけだ。

それから自分らしい、自分が好きなブランドを探すことが大好きになった。あまり動画とかでは言わないが、相当頻繁に服を見るようになったと思う。25とかでそれが目覚めてもだいぶ遅いと思うけど。

ブランドのそれぞれのコンセプトだったり、デザイナーの意識をしっかり理解してデザインを理解することで、ものづくりの面白さを服やお店の内装からヒシヒシと感じられるのが好きになった。

A.P.Cから始まり、Acne Studios、MARNI、Maison Kitsuné、ADER ERROR、UNDERCOVERとか。とにかく自分が着たい服だったり、身につけたい服のコンセプトがはっきりし始めた。

これはとにかく大きな変化で、部屋の家具にもそれが次々と現れ出した。

水溜りボンドの動画に出演しているカンタを、時間を追って見返してもらうと、僕の服装の変化が感じられると思う。昔は特にファッションセンスが絶望的すぎるので、そこまで遡らなくても大丈夫だけれど。

YouTuberなのにＭＵＳＩＣとデカデカと書かれたパーカーを着た動画を見られるわけにはいかない。最近は動画だからこそ、ちょっと色が入っている服を着てみたりだとか、動画外だとそこまでしなくてもいいなとか、思えるようになった。

昔は死ぬほど毛嫌いしていた丸メガネや、薄い色のレンズのサングラスなんてものも平気で身につけられるようになってきた。

だって何も悪いことなどしていないからだ（昔はカッコ良すぎて、ナルシシズムを感じてしまうから、ほぼ犯罪だと思っていた）。

場所とタイミングさえ間違っていなければ、誰に対してだって失礼なことはしていない。もしそれを笑ったり、馬鹿にするやつがいたら（この章の場合、過去のカンタはオシャレな人を卑屈な目で見ていた）、そいつはまだまだだと思って、何が悪いの？　と聞いてやろう。

自分がつけたくて、つけているものを他人が止めていい筋合いなど全くないのである。この自由さが最近身についた自分らしさなのである。人の顔色を気にする前に、まず自分の顔色を気にするようになった。

休みを自由に取ることも、自分の中で成長できた部分だ。

6年間毎日投稿をしていた自分からしたら、働かない自分には全く価値がないと思ってしまう。休んでいるという意味が、サボっているという意味に勝手に変換されてしまう自分がいた。どこか昭和の考えが、身についてしまっていた。その呪縛も全くなくなったと言ってよいほど解くことに成功した。それには4年ほどの時間はかかったけど。いまは全くパソコンを開かず3日間休日を過ごすことだってできるようになった（いまこれを書いているときも休んでいる）。

本を書いているから、これは休みにはならないのかもしれないが、全く焦りなどなく、心が赴くままに仕事をするということだ。

やりたいからやっているのが、僕の仕事であって、インプットをしないでアウトプットなんてできるわけがない。日本人には、いまボーっとするという時間が全く足りていないのだと思う。もっと海外はメリハリを持って休んでいる。よくわからない強迫観念で働いてもらっても、誰も頼んでないよ。という話でしかない。誰よりも自由に、楽しくストイックであることにこそ生きる意味があるんだと思っている。僕がボーっとすることが大切だと言えるのは、全くボーっとできない性格だったからこそ書けているということだけ忘れないでほしい。

これを読んで共感している人こそ、ボーっとできないことに悩んでいるということだ。そしてそこから目を背けずに戦おうではないかと、僕はあなたにいっているのだ。

さあ一緒にリハビリをしよう。せっかく生まれてきたのだから。

急遽差し替えになった章。

ちょっと今、緊急で本を書いてるんですけど……

YouTuberの間で流行っている「ちょっと今、緊急で動画を回しているんですけど」の執筆バージョンが今、起きている。

実はこの章は諸事情の発生により、「終わりに。」よりも後に書いている。

ここに書いていた本来の文章は、どうやら権利の都合で使えないことになり、急遽文章の差し替えを頼まれたのが今である。

終わりはいつだって突然訪れるというが、終わらないが突然訪れている。

本を書き切った満足感と、ちょっとした寂しさを感じていたので、今また靄靄を追加で書ける喜びに心が躍っている。例えるなら部活を引退した後に、後輩たちの練習にOBとして顔を出すあの感覚と同じ感じで書いている。靄靄OBとしての伸び伸びとした文章を楽しんで欲しい。


ちょうど今は、靄靄の情報の解禁や予約の受け付けが開始したタイミングで、自分が想像をしていたよりも大きな反応をもらえている。

素直にめちゃくちゃ嬉しい。この本にそんな近況報告も書いてみる。

この本をご購入いただきありがとうございます。

急に中盤でこんなことを書かれても気色悪いかもしれないが、中盤に書くことがもう先に決まっていた章なので、ご理解いただきたいし、一応配慮をいただける人はこの章は最後に読んでみても面白いかもしれない。

このページ自体をカットする選択もあったが、本来書いていたこの章を読み返した時に、今の自分に語りかけられているような文章だったので、ギリギリで文章を書き換える決意をした。

元々のこの章のタイトルは

「100円を1万人からもらう仕事」

というタイトルだった。ここからが既存の文章へと繋がる。

YouTubeを始めた時から、実は決めていたことがあった。

100万円を一人の人から貰って生きる仕事ではなく、

100円を1万人から貰うような仕事をしたい。

手に入れる金額は同じだ。しかし、自分にとってそれは全く違うものである。

自分に一人から100万円をもらう器が備わっている自信はない。そんな大金を一人からいただいてしまったら、その人に対して自分がお返しできるものがないと思うからだ。今でもYouTubeの生配信などで赤スパ（1万円以上の投げ銭）を送ってもらうと、どうしたらいいのかわからなくなってしまう。当然すごく感謝が湧き上がる。でもそれと同時に、自分が好きで配信していて、それをみてもらっているのに、大金を送ってもらうことに対して不思議な気分があるのだ。

自分は幼少期から誰かに憧れていた人生だった。

自分のお小遣いを切り崩して、ファンクラブに入った時やCDを買った時の気持ちや、1日働いたバイト代でライブのチケットを買ったことをいつも思い出す。

僕の憧れの人たちは、その価値以上で返してくれたことも覚えているし、その作品に刺激され、憧れ、背中を追い続けてきた。自分も同じようになれているのだろうか。ちゃんと価値を返せているんだろうか。いつも不安な気持ちがある。

この本を書くにあたっても、安くはない大切なお金を払ってもらっている覚悟を持っている。払った値段以上の価値を生み出す努力をしたい。この本も僕ができる限りの、値段分以上の心と、時間と、人生をかけている。あくまで、これを読んでいるお金を出してくれたあなたとの、真剣勝負であって、それに僕が勝つことができたら、また次もあなたからチャンスを貰えるんだと思っている。

対戦よろしくお願いします。

オラァ〜。

と、この章に書かれていた。これを読み返したら、最後の最後まで手を抜いてたまるかと思って、緊急で執筆を開始するという今に至る。

この本を実際に告知して、たくさんの人に予約してもらってすごくすごく嬉しい。

KADOKAWAさんにも何度も何度も交渉させていただいて、サイン会の枠を増やさせていただいたり、こんなに多くの人が自分の本に興味を持ってくれて、一緒に生きてくれているんだなと感じた。

この本の表紙の写真を撮りに地元に帰った時。

中学校の頃の担任の先生であった金子先生が、知らない間に校長先生になっていた。他にも中学3年生の時の担任の先生も、僕がYouTuberの活動として参加した川崎ブレイブサンダースの試合を見に来てくれていた。今年、出身校である青山学院の150周年の映像を撮影している時も、高校の担任の先生がみんな見にきてくれていた。

本当に全て自分のこれまでの人生が、今の自分の人生に素敵な影響を与えてくれている。


この本を書き進めることは、自分の人生が一つの直線であると知ることに繋がった。

自分自身が自分らしいその人生を、まっすぐ歩み続けることができていることを再確認することができた。

金子先生が、まさかカンタがYouTuberになるなんてなと言った時に、そうなんです。と思った。自分はずっと自分だった。


中学生の時のあの教室から、たくさんの人に憧れていた自分が走ってきた道が、今こうしてこの本を手に取ってくれたあなたへと繋がっていたことが、僕の人生にとって本当に宝物だと思った。ありがとう。まだまだ頑張りますので、これからもよろしくお願いします（YouTubeを始めた当初にたくさんの人に送っていた文章を今ここにも書いてみた）。

飛行機のカチャカチャ

飛行機が目的地に到着した瞬間がすごく嫌い。

全員が全員、カチャカチャってシートベルトを急いで外す。その後に立っていいですよと言われたら、全員が上の棚を急いで開ける。荷物を降ろした人から、細い通路に並んでザンザワが始まる。でもどうか待ってほしい。それは罠だ。だって飛行機の扉開いてないからどうせ意味ないもんなと思う。まさに、待てをされている犬のような仕組みだ。ある種の閉所感が最高潮に達する瞬間だ。座って目的地に向か

っている時は平和だったのに、急にみんなイライラし始める。

そんなことを考えていた。僕は沖縄という最高のバカンスの地に到着した飛行機の最後部の席から全員が立ち上がるさまを見て

「おれは気づいているぞ。みんなも気づいてくれ。俺のこの石像のように動かないさまを見てほしいぞ」

とみんなの脳内に声を送っていた。

「すみません」

そうすると声が聞こえてきた。

これは脳内に語りかけられているのではなく、どうやら本当に話しかけられていた。

隣で座っていた子供連れのお母さんが、

「飛行機内で息子が、ずっと泣いてしまってご迷惑おかけしました」

と謝ってきた。

「そんなの気になってませんよ」と一言伝えた。

自分も子供の頃、こうやって泣いていたのかなとか思っていた。

そんなときに周りが苛立っていたら辛いなと思ったし、いつか自分も逆の立場になったときに、飛行機で子供が泣いてしまったときは、きっと胸が張り裂けるような焦る気持ちになるんだろうと思った。

必ずしも周りに余裕がある人ばかりじゃないかもしれない。ビジネスで大失敗した人や、どうにか着陸までに、アイデアを出さないといけないデスゲーム状態の人も乗っているかもしれない。

自分もそんなに余裕がない日だってあるもんなと思う。そうなるとだんだん思考が遡っていって、このお母さんに早めに
「僕、気にしないタイプなので」

と一言でも空の上で伝えてあげていたら、もっと気楽な空の旅を送れたのかもなと思った。

世間にはきっと子供が泣いて、迷惑になるかもしれないことがストレスになって、家で休みを過ごす家族だって少なくないのかもしれない。

そうなったらその子はきっと貴重な幼少時代に家族旅行を楽しむことができない。

そんな世界は嫌だなと思っていたら、ガチャっと飛行機の扉が開いた。

さっき近くにいた家族の赤ちゃんと目が合ってしまった。そしたら家族が振り返って、お母さんとお父さんと目が合った。

「是非、沖縄楽しんでいってくださいね」と僕の口が勝手に動いた。

沖縄のこと、そんなに知らないし、自分も沖縄を楽しみにきていたのに、現地の人みたいなセリフを言ってしまった。


今日も拗(こじ)らせた。沖縄最高。

自分が嫌い

名前が覚えられない。

昔からとにかく人の名前が覚えられない。大学のサークルで新入生の女の子が、

「私の名前覚えましたか？」

と聞いてきたときに、1日のうちに4回もわからないと答えて、泣かせてしまったことがある。最低だ。

しかも信じられないことに、僕も毎回焦るし、心から申し訳ないと思うのだ。あの時の地獄の空気は今でも覚えているし、逆にあれから10年以上たった今でもその新入生の子の

名前を覚えている。

名前を覚えないってかっこいいだろと思っているつもりもないし、むしろ覚えたほうが都合がいいことばかりだということだって知っている。ビジネス的にも社会的にも、いいことばかりで、多くの自己啓発書とかビジネス書にも、
①名前を呼んで親近感をわかせろ！
みたいなことが書かれている。

名前を覚えて、友達を増やしたほうが絶対にコミュニケーションは円滑だし、当たり前に関係性も作りやすい。僕が所属するＵＵＵＭという事務所でも、営業の人の名前を覚えてアピールしたほうがきっと仕事は来るに決まっている。それが社会というものだ。名前を覚えるという必殺技を使って距離を詰めていくに越したことなどないのだ。


ただ僕は名前を覚えるのが不得意だ。頑張ってみたけど、どうにもごっちゃになってしまって、逆に本気で別の人の名前を呼んでしまったりする。ちなみに企画で取り扱った変な商品名や用語は異常に覚えていたりもする。例えば、アスパックサラサラであったり、クラインの壺（つぼ）であったり。どちらかというとこれらを忘れて、人の名前を一人でも覚えた

いと切に願っている。

しかし、学生の頃に吹っ切れて、本当に信頼して仲良くなった人の名前だけ覚えていこうと思うことにした。ただそうなってくると今度は別の問題が起きた。大切だと思う人の名前を覚えることにしたことで、人の名前を覚えること自体にすごく照れるし、呼ぶことも照れるようになってしまったのだ。

名前を呼ぶハードルがめちゃくちゃインフレを起こしてしまった。これからも一生一緒に関係性を作りたいと思える人だけ、名前を呼ぶキモいやつが産声をあげた瞬間である。

中学時代はクラスのほとんどの人の名前をはっきり口に出せなかったと思う。覚えているけど、言えない。馴(な)れ馴れしいやつだと思われて、嫌われたくないから。そんな経験もあって、なんとなく死ぬまでに20人くらい大切な仲間を見つけられたらそれでいいのかなと学生時代から思っていた。

UVERworldも歌っていたが、世の中、自分の人生が100年あったときに、70億人もいる人類と1秒ずつ会おうとしても、全員に出会うことはできないらしい。そうこうしてたら本気で人と向き合って、付き合うけど、名前を覚えられる人は限られている。だからこそ死ぬまで関係性が続く人の名前を大切に覚えていたいと思うのかもしれない。

これはかなり自分の中でも、異常なこだわりで、逆に名前を覚えていたとしても、その人のことを名前で呼ぶことはない。あなたや、あの〜とか、みなさん、君の。などそういう言葉で代替する。それくらい名前を呼ぶということに責任と恥ずかしさ、照れを、本当は感じているのだ。つまるところ僕は胸を張って言える。

僕は、拗らせコミュ障インフルエンサーなのである。

僕は人と接する時にいつもこんなふうに考える。

『あ、この人、今日初めて会ったくせに、いきなり名前を呼んできてる。しかも下の名前だ。結構ガツガツした人だな』とか。『心理学を勉強していて、名前をいい感じに呼んで取り入ろうとしてきているのかな?』とか考えてしまう。自分が他人を見ているときもそれくらい捻(ひね)くれているからこそ、自分にもその捻くれた視線が突き刺さってきて困る。簡単に出会った人の名前を呼べないのだ。

基本的に3回くらい会って意気投合すると名前を呼び始める。ちなみに名前を初めて呼ぶタイミングは、心の中ではかなりハラハラしていて、すんなりとは口から出ない。そんなウザすぎる人間関係の作り方をする自分だが、そんなやつを愛してくれている仲間たちに、もっと感謝しなければならないと猛省しながら今、文章を書いている。

まず大前提として、初対面で人を信頼することは絶対にない。

だいたい1度目に話して、わかることはその人間の5%にも満たないということだ。自分を取り繕ってより良く見せている人か、本来の自分のまま会話してくれている人かはだいたい判断できるので、ある程度、信頼関係はそこから作られていく。なるべく飾っていない人のほうが安心できるし、飾っている人に出会ったらなるべくそれを壊したいと思う。飾っている飾っていないは人間の魅力には関係ないけど、その飾っていない状態をなるべく暴き出して仲良くなりたいと思う。

どんなに意気投合しても5%までしか1度目はいかない。カンタが人を信頼するのにたいてい4回くらい会話が必要である。2回目以降は30%くらいずつその人への理解度は上昇する。

ただここで注意が必要なのは、1回目と2回目に期間が空くと徐々に信頼メーターは下がっていくことだ。

久々に会う友人はたいてい自分の中で、友人ではなくなっていることが多い。その期間で、人間なんて変わる可能性もあるわけであまり知らない人がそこから変わっていると仮定するともう一度、信頼関係を作り直したくなるのだ。

例外もあって、だいたい信頼メーターが90%以上までいくと永久に下がることはないし、基本的に何が起きてもその人を大切にして救おうとか、助けたいなというモードに入る。

中学の親友とも今でも銭湯に行くし、彼らのためならなんでもできると思う。そんな友人が自分には今6人いて、すごく幸せだと思う。この6人の親友と呼べる人たちに恥じないように生きたいなと思う。

逆にどんな人を警戒する傾向にあるのかというと、空気を全く読まない人、人を下げる発言をする人、偉そうな人、逆に自分を異常に持ち上げてくる人である。

そんなこんなで、こんな僕でも仲良くなってくれる人は常に募集している。

僕なら絶対、僕のようなやつと友達になろうなんて思わない。

どうにも面倒臭いし、色々読み取りづらいくせに、実は熱い漢(おとこ)なところが、どうにも気に食わない。

会社が崩壊しそうになったアレ

二年前から本気でスマブラを始めた。今日はそんな話をしたいと思う。

スマブラ。『大乱闘スマッシュブラザーズ』である。僕が子供のときに大流行したゲームだ。友達の家に行ってはみんなでやっていた。うちはあんまりゲームを多く買ってもらえなかったけど、そんな僕でも持っていた。ただ小学3〜6年生までアメリカに住んでいた影響で、アメリカで購入したゲームキューブを使っていたので、日本のソフトがプレイできなかった。

その影響で、自分だけ海外版のスマブラをしていたのを今でも覚えている。

このゲームがYouTuberの間でめちゃくちゃ流行っている。僕はやったことはあるという程度だったから、あの頃と同じような気持ちで、YouTuber仲間とスマブラを軽い気持ちで一緒にやっていた。軽い気持ちでやって、ボッコボコにされた。

事務所のイベントの楽屋では、みんながスマブラをやっていた。信じられないくらい負ける。ゲームってだいたい初めての人でもマグレでちょっと上手い人に勝てたりするから面白いんじゃないのかと思っていた。でも違った。１００回やって、ちゃんと１００回負ける。これじゃスポーツだぞと思った。そのあとｅスポーツという言葉を知った。ゲームをスポーツだと表現する言葉。

そう。ゲームはスポーツだった。

自分のゲームに対する考え方が根本的にもうズレていることに気づいた。テキトウにコントローラーをカチャカチャするだけでは、勝てるはずがないのが大人のゲームだったのだ。

もしこれを読んで、昔スマブラをやっていたなーという軽い気持ちで、今もスマブラに接している人がいるなら、多分２年間の試練を乗り越えた僕は１００回やって１００回、あなたに勝てるところまで来た。ディディーコングの下強からの空後で一瞬だ。ベク変をしたところで、台外の展開でも、きっちり僕はメテオを決める（何これ呪文？）。

それくらいの代物なのだ。マグレなど存在しない。僕はすぐあなたのプレイの癖を読んで、的確に技を当てていくだろう。

そして遂に、うちの編集チームにもスマブラブームが訪れるのだった。それからの日々というのは、もう残酷なまでの日々だった。毎日仕事が終わるとみんなおもむろに自分専用のコントローラーを取り出すようになっていた。

そして、深夜にオンラインにログインすると、そこでは仕事で疲れているはずの仲間がたくさんトレーニングを積んでいた。次の日の朝、そんなことはなかったかのような顔で編集チームは出勤してくる。また仕事が終われば、みんな普通の顔をして、コントローラーを取り出す。それの繰り返しだった。

このゲームの一番面白くて、残酷な部分は負けた方は、最悪な気分になるところだ。

めちゃくちゃ悔しい。子供の頃はみんな運任せにやっていたので、勝つときもあれば負けるときもある。そんな和気藹々さがあったけど、大人のスマブラほど怖いものはない。仕事がちょっと手こずったり、トラブルを抱えてしまったやつはスマブラにその怨念を込めるようになった。

どんなに辛い日があっても、帰った後のスマブラで勝つことができたら、なにか良い日だった気がするようになった。

男として強くありたい。そんな気持ちを男の子は全員持っていると思っている。しょうもないけど、気がつけば、ほぼ喧嘩ゲームになっていた。

だんだん勝つ者は常勝。負ける者は常敗、になっていく。

気づけば、スマブラが編集チーム内のヒエラルキーの一つになってきた。編集をいつも教えていたメンバーが、スマブラがうまいメンバーに教えてほしいと居残り練習をし始めた。そんな生活を始めて1年が経った。

ストーップ!!!

このままじゃ全員がおかしなことになっていく！　本当にそう思った。

負けたメンバーは、がっかりして家に帰っていくし。だんだん争いになっていく（主に僕が負けず嫌いなので、負けるたびに雄叫び（おたけび）をあげ、勝ったびに人の気持ちを考えずに、喚き（わめき）散らすからだ）。

このままじゃまずいと思い、テレビに張り紙をして倉庫にしまった。みんなでスマブラありがとうとメッセージを寄せ書きして、封印した。それ以来、スマブラは禁止ゲームとなった。あのゲームは、最高のゲームすぎたのだ。間違いなくゲームの域を超えていた。みんなで一つのスポーツを、毎日頑張れていた去年は最高だった。結果的に禁止ゲームになっただけで、チームのメンバーはより結束力が増したし、距離が縮まった気がする。

そんな29歳の夏だった。

ありがとう。全てのスマブラへ（最近またやってます）。

人生初パチ

人生で初めて、パチンコを打ちに行った。

おじいちゃんが、小さい頃よくパチンコに行っていたのを見ていた気がする。

パチンコのあまり玉を、お菓子に換えてくれた。大人が行く場所だと子供ながらに、なんとなく察知していた気がする。

あれ以来、一度もパチンコをやりたいと思わずに、この年になった。煙草（たばこ）の話と重複してしまうが、それもやってみないと何もわからない。そう思って一人で、パチンコ屋さんに行ってみることにした。

まず台に座る時、とても緊張した。

全員に見られている気がした。素人が入ってきて迷惑をかけていい場所じゃないような雰囲気を、勝手に感じていた。

実際は多分誰も見ていないはずなのに。

お札を握り締め、とりあえず見たことがあるアニメの『リゼロ』の台に座った。だいたい右側にあるガチャガチャのカプセルみたいな丸いアレを、ひねる。

ひねると玉が弾かれて出てくるのは知っていたので、勢いよくひねって、玉を打ちながら状況を理解していくことにした。


「ウォーンウォーン」


めちゃくちゃ警報が鳴った。この警報は、かなり自分がやばいことをしたときに鳴るような音だということは、音量ですぐにわかった。

人生で、警報を鳴らしたのは二度目。

一度目は大学でお笑いサークルに入っていた頃に、コント道具でお札を大量に使う必要があった時だった。当然大量のお札などあるわけがなかったので、コンビニのコピー機を使うことにした。

もちろん現金をそのままコピーしたら、問題になることくらい理解しているので、安心して欲しい。

僕はドンキで販売されていた1万円に似ているメモ帳を使うことにした。

それをコピー機にかけるのであれば何も問題がないからだ。安心してコピーしようとした時だった。コピー機が、本物のお札だと認識して、コンビニ中に警報が鳴り響いた。

そんな警報以来の、二度目の警報だ。とにかくあれ以来、警報恐怖症になっている。

しかし、今回は警報が鳴った理由が全くわからなかった。

「ウォーンウォーン。右打ちをやめてください」

そう警報が言っている。右打ちがなにかもわからず、右手で打つことが間違いなのかと思った。

右側にあるガチャガチャのカプセルみたいなやつを、左手で無理な体勢で回してみた。それでも警報は鳴り止まない。

どうやら右手で打つという意味の『右打ち』ではないらしい。怖くなって、すぐスマホで検索した。

どうやらパチンコは、全力で右側に打ってはいけないらしい。

左側にパチンコ玉が行くように、調整していい感じにヘソといわれるところを狙うらしい。これからパチンコに行く人は是非ここだけは、学んでいってほしい。大当たりしている時だけが、右側に打っていいということがわかった。めちゃくちゃ冷や汗をかいたけど、大体のルールを把握することができた。


しかし、パチンコをちゃんと打ち始めても全く当たらない。

そのまま1時間以上が経過して、2万円が吸い込まれていった。

一度でいいから当てて、それを経験したらすぐにでも帰ろうと思っていたが、思いのほか当たらない。もう諦めて帰ろうと思って、ぼーっと打っていた。するととんでもないことが起きた。

パチンコ台が壊れてしまったのだ。

とてつもない音を立てて、パチンコ台の画面が割れて、さらに真っ暗になった（本当に！）。泣きそうになった。

1万円を入れる投入口の光や、何から何まで全部の電気が消えたのだ。まずい。なにかやってしまった。

その刹那。


「キュインキュイン！！！」

「大当たり！　大当たり!!」

これが人生で初めての大当たりだった。

自分の人生でこんな体験はしたことがなかった。担任の先生に、職員室に呼び出されて、放課後に泣きそうになりながらいったら、フラッシュモブで誕生日をお祝いされるくらい、めちゃくちゃな感覚だった。パチンコ台が壊れたと思ったのは演出なのであった。

そして、右打ちを開始してくださいという通達をパチンコ台から受けた。

あんなに怒られていた右打ちを、今なら自由にしてくれということだった。むしろ右打ちをしてください。お願いします。みたいな感じだ。目一杯、右打ちを開始した。

人生がその瞬間に始まった気がした。

周りの人たちも自分に注目している気がした。とにかく右に玉が飛んでいくたびに、パチンコ台が鳴きに鳴く。

しかも面白かったのが、フィーバーみたいなものが終わったと思いきや、何度も何度も大当たりが続くのだ。これがパチンコか。

気づけば脳汁で、ビチャビチャになっていた。

多分パチンコ屋さんのフロアを、僕一人の脳汁で埋め尽くしてしまうくらい出た。帰りは、外まで泳いで出ないといけないなと思った。

パチンコ屋に入る前は2万円しか持っていなかったはずが、家に帰ったときはなぜか6万円が財布の中にあった。後々これを聞くと、当たりの中でも相当珍しい当たりだったらしい。すごい経験をパチンコでさせていただいた。

しかし、それ以降は、もう怖くてパチンコ屋さんには近づけなくなってしまった。それも自分のいいところなのかもなと思って安心していたりする。

とにかく何かが起きたときに、しっかりと冷静になろうとする性格の自分に感謝している。ただこの冷静になっちゃう性格が動画ではマイナスに働くこともあったりする。

先日、30歳の誕生日を迎えて、企画で10万円ガチャというものに挑戦した。これも普通の人生を送っていては、絶対に出ない量の脳汁チャンスである。一回ガチャガチャを回すだけで10万円するという激ヤバマシンだ。

そこで、なんともありがたいことに1等の180万円のROLEXを当てた。

『史上初です！』

とお店の人も興奮してくれて、めちゃくちゃ嬉しかった。

しかし動画を見返すと当たったときのリアクションがひどいものだった。

ずっと「怖い」と連呼していた。

普通はめちゃくちゃ興奮するところなのに、あまりに運が良すぎて、怖くなっている自分が映し出されていた。その素材を編集している時に、もっと喜べや！　と思ってしまった。お金は欲しいけど、平穏な人生で毎日アイスが2つ食べられるくらいの贅沢ができればいいと思うようなタイプの僕には『怖い』というのが精一杯だった。

そんな普通すぎる自分に悔しさを感じる日もあるが、そんな自分で良かったなと思う自分もいる。自分が聞いて、非常に興味深いなと思った話がある。

超大企業の社長が死ぬほど働いて稼ぎ切ったあとに、離島で魚釣りをして幸せに暮らしたという話なのだが、その社長の横には、その島で生まれて暮らしている幸せな人がいた。

つまり幸せは、ずっと手に届くところにあるのかもしれない。

ゴールは身近なところにあるが、自分の人生はどんな過程を経て、そこに辿り着くのかという話なのかもしれない。

これからも運がいいときは怖い。

運が悪いときは挫けない。

そう思っていたいなと思った。

リトルサムライ在中

自分はめちゃくちゃ運が良い。

YouTube の動画を見ている人には、嘘(うそ)つきだと思われるかもしれないが、人生で一度も自分を不運だと思ったことがない。

中学から大学まで、母親と二人暮らしだったけど、不幸でもなんでもないし、しょうがないこと。普通のことだった。

中学時代のバスケ部の最後の引退試合前に、僕は気合いを入れてボウズにして、学校に向かった。その日の体育の柔道で、バスケ部のチームメイトの技が僕の膝に思いっきり入

って、半月板を損傷をした。キャプテンとしてチームを引っ張ってきた僕は、当然歩けなくなり、引退試合出場は絶望的になった。

そのチームメイトは泣いて謝って、僕の倍以上練習を最後の一ヶ月してくれた。それも苦しかったけど、運は悪くない。仲間の大切さを学ぶ機会になったし、その心意気が嬉しかった。

そして引退試合当日、ベンチから、僕はチームメイトを送り出した。監督を含めて、かなり感動的な漫画みたいなシーンだったと思う。人間はお互いを補完し合うという素敵な場面である。


結果。

あんなに練習していたのに、みんな絶不調。

想像を超える完敗を喫した、僕よりもむしろみんなの方が運が悪いのではないかとすら思ってしまった。

高校時代はバスケ部で、副キャプテンに選ばれた。チームメイトとコーチのちょっとした連携ミスが原因で部員全員がボウズにするはめになったこともある。ちなみにその件に関しては本当に自分は1㎜も関与していなかったけど、ボウズにすることになった。面白いからオッケーだと思った。

今の時代だとなかなか考えられない部活だが、そんな経験をかけがえないものだと感じているし、それがあったから今の自分がいると思う。あの部活で大切な精神性を学んだし、松本人志さんに憧れていたから、中学の頃に引き続き、ボウズにできたことは本当はちょっと嬉しかったくらいの感じだった。青山学院の渋谷キャンパスに通うシティボーイがボウズなのである。かっこいいに決まっている。

そしてまたボウズで迎える高校のバスケの引退試合。今度は逆足の半月板を、練習中に損傷した。人生で2度目の引退試合、2回目も出場はならなかった。結局、僕は人生で一度も引退試合に出られなかった。もしかしたら一生現役という意味なのかもしれない。

振り返るとわりかし不運な人生かもしれないと今書いていて笑った。

部活にかけた6年の大切なところ、全部が破壊されている。たぶん日本で僕以外にほぼずっとボウズで部活に汗を流して、試合まで汗のように流れていった人はいないだろう。

その時の気持ちは、悲しかった。あまり深く考えないようにしていた。でもそれでも、まだちょっとおもしろいと思えていた。半月板が両膝も割れてしまったから、合わせたら満月板だなと思った。

小学生時代に、イジメらしきことを受けたこともあった。なにせ小学校の頃は道具箱でダンゴムシを飼っていたくらいだからしょうがない気もする。

買ったばかりのＭＰ３プレイヤーが１日でなくなった。

クラスでは一発ギャグを突然、振られることも多かった（ちゃんと全力でやってスベった）。こんな一見悲しい話題も、この本を読んでくれているあなたに届いてしまえば、面白く浄化されてしまう。結局こんな本を書かせていただけている時点で自分はつくづく、運がいいと言える。

体育の授業中に、滑って転んでしまったとき、手で地面をぐっと掴(つか)んだら偶然校庭に落ちていた５００円玉を拾ったことがある。

運が良すぎる。

いつか会ってみたかった敬愛するスタジオジブリのプロデューサーである鈴木敏夫さんにも、家の近くの銭湯で、バッタリとお会いしたことがある。全裸でパンツをはこうとしていたら、憧れの人が現れて、流石(さすが)に夢かと思ってしまった。運が良すぎる。

とにかくとにかく、偶然の力に助けられている。大学時代に相方のトミーと、お笑いコンビになれたことも、YouTubeで成功させてもらえたのも、運が良かったと思っている。

運が良い。たまに「運が悪い」としか言いようがないことがあっても、実際には運が悪いとは思わない。

ただ何でもかんでも、楽観的なわけでもない。理不尽なことや、良くない心を持つ人には怒りが湧き上がってくる部分もある。

自分はその怒りに似た感情でYouTubeをやり続けられた日もあった。そんな負の感情も、なるべく頑張るエネルギーに変えて、いつかちゃんとした結果で見返したいと強く思う性格だ。

モノ作りに、怒りは必要だと思う。あいつに認められたい、あの人より成果が出ていいはずだ、これだけやってもだめか。

そんな苦しい日も、決して表情には出さない。いつも飄々としている。


これは小さい頃やっていた剣道の影響も大きい気がする（実は全国大会に出ていたりするほど真剣にやっていた）。

剣道を幼い頃にやっていた影響で、間違いなく僕の心には、リトルサムライが住んでいる。剣道では、勝った選手は、ガッツポーズをしてはいけない。感情を表に出したら、勝ちが無効とされる。そんな気持ちで仕事においてもリトルサムライが、ダサいことはするなと言っている。


１００㎞マラソンを人生で２回した。

そのときもどんなに辛くても、逃げ出したくても、飄々と振る舞った。とにかく足を前に出すことだけを考えて、笑顔で走った。

人の成功が眩しくても、成功と失敗は他人が決めることじゃなく、自分が決めることだと思う。世の中に成功する人が一人までだとか、規定数があるわけじゃない。あの人も成功して、自分も成功すればいいはずだ。とにかくどんな時も希望を捨てないような人であり続けたいと思う。

　リトルサムライに、今まで何度助けられたかわからない。

ただそのリトルサムライの頑固さに、苦しめられて靄靄（あいあい）していることも知っている。

おもちゃの まつもと
TOY SHOP

引いて下さい
DM24-EX1
ときめけ!デュエマの
マンガ・動画!!

SNSに顔なんか出すな

YouTuberという仕事をしていると、よく聞かれる質問は、

「子供の将来の夢が、いまYouTuberが1位ですがどう思いますか?」

というものだ。

「その質問こそ、質問ランキング1位ですが、どうですか?」

当然そんな意地悪なことは言えなかった。

そんなことを考えながら、毎回答えていたのはYouTuberという顔をネットに晒す仕事を、小学生が目指すとしたら、いまは外でたくさん遊んで、高校か大学でも同じことを思ったら、やればいいじゃない？　と答えていた。

つまるところ、子供のうちにネットに顔を晒すのは危険すぎるからやめときなさい。である。

質問者はだいたい、ネット社会に子供が参戦することを不安視していて、僕らがあたかもネットに顔を出すのに肯定的だと思っている節がある。

むしろ逆で、僕なんかは大学生まで、ろくにSNSもやってないし、自分の写真をネットに上げることもしたことがなかった。自撮りだって一度もしたことがなかったから、インカメラ分のスマホ料金を下げて欲しいなとすら思っていた。

だって自分を世間に晒すのは、恥ずかしいし、黒歴史になってたまるかという気持ちだった。大学でYouTubeを知らなかったトミーにYouTubeをやろう、と提案したときだって、ネットに裸を晒すくらいの気持ちだった。

YouTubeチャンネルを開設した日のことを今でも覚えているし、動画を公開したときは、大海原に小さなボートでもう後戻りができない航海に出るような気持ちだった。

当然それまで、ネットとは無縁だった僕を見ていた友人はこぞってイジってきた。急にどうした！　モテたいのか！　売れたいのか！　トランプできゅうり切ってたな！　動画を見ていないくせにうるさいなと思った。

あのときは、ヘラヘラすることしかできなかったけど、モテたいとかじゃなくて、とにかく売れたかった。

ずっと平凡な日常をひっくり返して見たかったのだ。

僕の学部はクリエイティブな学部と言われていた総合文化政策学部という場所だ。クリエイティブ入門という授業があったほどだ。それなのに1年生の頃から徐々にみんなが真面目な顔になっていくことに気づいた。いつの間にか、みんな安心感がある金融系を目指すようになっていたのだ。仲間が現実的な思考になっていく寂しさはいつもあった。

そんな中、一番に真面目な顔をしていたやつがネットに顔を晒したらそりゃイジるだろうと思う。当時YouTuberは「ゆーちゅーばー笑」みたいに言われていた。

当然YouTubeもほとんど見ていなかった僕はYouTubeを始めるまでの半年間で死ぬほどYouTuberの仕事を見て、学んで、気づいたら、その当時のトップを走っている人たちをカッコいいと感じていた。

時代の流れを感じ、混ざりたい、ここに行きたいと思ったのを覚えている。周りの評価はまだ当時はもっともっと低かった。でも必ず自分の感覚は合っているはずと信じて、出航することにした。

だからSNSは怖いし、難しい。

YouTuberになっていなかったら、今きっとインスタもやっていないんじゃないかなーと思う。あの頃はインカメがなんのためについているかわからなかった。だって自分の顔を撮るのも嫌だし、写真なんか笑顔を作ったりできない。自分の声を編集ソフトに入れて聞いたときに、えっ、俺こんな声なんだっていう、ゾワゾワするあれも今はもう忘れたけどずっと感じていた。

つまるところ、魔法のインターネットを使って一旗あげようとしたという感じだ。他のYouTuberは動画を友達と撮っていた延長だったり、遊びの延長だったりするけど、自分は非常に戦略的に、しかし純粋な気持ちでインターネットの中に飛び込んだのだった。

そんな話をスマホで書いていたら、今、充電が切れそうになっている。YouTubeを始める前はあんなにスマホを触らなかった自分が、スマホをこんなに使うようになるなんて思っても見なかった。スマホの充電が1%になるまで気づかなかったってことは、この本を夢中で書けているという証拠だと思って今回はこの辺りでおしまいにしよう。

はじめてwwwをつけた日

今でも覚えている。

自分の小さい頃の夢を。

まずはサラリーマンだった。小学生でサラリーマンになりたいと言い始めた時は、夢を持たない子が生まれたと、家族会議が開かれたそうだ。その次は中学の時の先生に憧れて、先生になりたいと思った。熱心にまだなんの指針もない子供達を導く気合いを尊敬の眼差(まなざ)しで見ていた。

その次が芸人だった。それぞれの夢は叶(かな)わなかった。僕には夢を塗り替えるほど魅力に

感じるYouTubeという道が突然現れたからだ。

それでもYouTuberとして初めから胸を張れていたかと言われるとそういうわけではなかった。どこまでも半信半疑で、インターネットという文化にそこまで浸かってこなかった僕は、いつも不安だった。

YouTubeの動画のタイトルで、初めてｗｗｗを使った日を覚えている。

ネットスラングを使ってこなかった自分にとってはかなり抵抗があることだった。メールやＬＩＮＥでは、ｗｗｗとつけることはなく、（笑）なども極たまに使う程度だった。

みんなと同じになったらまずい。そんな焦燥感が青春時代から強くあった。なるべく流行りのものは見ないようにしていたり、尖った洋楽を好きだといっていた。そんな僕がYouTubeを始めてから2年目に動画のタイトルにｗｗｗを使う日がくる。

そのｗｗｗを入力するまで、１ヶ月くらい迷っていた。そのｗｗｗを打ってしまうとどうしても何かが変わってしまう気がしていた。

YouTubeの動画のタイトルでは面白いことがあった雰囲気を醸し出したい時に、ｗｗ

ｗを多用する。財布を無くしたと思ったら手に持ってたｗｗｗ、みたいな感じだ。

僕は正直、嫌悪感があった。

郷に入っては郷に従えなんて言葉があるが、それでもどうにも、そのｗｗｗの軽さが気になった。そんなプライドを捨てきれないまま、YouTuberという仕事をしていた。ｗｗｗを使うかを悩んでいた1ヶ月で僕が一度出した結論がこのタイトルだ。


大量の風船を集めて、イカダを作って川を渡ってみた笑笑

である。ｗｗｗはどうしても使う気になれず、「笑」を使うという尖りを見せた。

あまり再生数は良くなかった。その動画を載せた日に
「覚悟を決めろよ」

と自分に対して思った。インターネットをやっているくせに、どこかインターネットに対して冷ややかな目を向けている自分がいた。

学生芸人をしていた自分にとっては、インターネットの世界で面白いことや興味深いことをするのが逃げだと感じていたところもあった。何度も何度も、自分は芸人になりたい

のか、YouTuberになりたいのか考え続けていた時期だった。

きっとwwwを使ってしまったら、僕は芸人にはもうなれないとまで思っていた（多感な時期だったので気にしないで、流して読んでくださいね。笑笑）。

そんなに自分を大きく見せなくていい。新しい考え方、物事を受け止めていいじゃん。だって、まだ20歳だ。僕は面白い景色を見にいきたいんだ。

そう思った。きっと映画が繁昌を極めていた時代に世に出てきたテレビにだって、きっとそんな空気があったんだと思う。格が下がるというか、映画人からしたらテレビのドラマなんてとどこか見下していた人もいただろう。

それでも時代が巡って、それぞれの価値がきっと生まれるはずだと9年前の僕は、覚悟を決めた。

芸人とYouTuber、どっちが面白いのかという論争を目にするたびに思っていたことがある。

芸人さんは死ぬほど面白いということだ。大学お笑い出身という経歴を隠していたのも、周りの学生芸人がとても面白く個性豊かな人たちばかりで、そしてその人たちに、学校でちょっとした人気者だったやつがひれ伏していく姿をみていた。そんな自分は元々映像も大好きで学んでいたので、動画編集とお笑いを掛け合わせて、YouTubeという世界に行くことを決めた。

これは逃げではなく、僕の覚悟であり、命をかけた生存戦略である。一度だって後悔をしたことはない。

どっちが上か、下かではなく、その人それぞれに適性があり、自分は芸人では成功できなくともYouTuberとしては必ず成功するんだと決めた。それだけ考えるってことは、自分の中で何かを諦めたということでもある。悔しいけれど、一度諦めて、でも本質は一度も諦めてはいなかった。

僕の中で、僕がYouTuberになった日は、ｗｗｗを動画のタイトルに入れた日だった。小さな一歩に見えても、僕には月を歩く第一歩目のような大きな一歩であった。

非常に爽快であり、痛快で、生まれ変わったような感覚を得た日であった。

大房先生

大房潤一（おおふさじゅんいち）先生という大学の学部の恩師は、僕の人生を間違えなく変えた。

見た目はほぼダンブルドアだった。


NHKで番組を作っていた大房先生がゼミの説明会で、

「必ずそれぞれがテレビ局になる時代がくる」

といっていた。全員がポカーンと聞いていたのを覚えている。案の定、そこまで多くの人が参加するゼミではなかったが、僕は何か、心を揺さぶられたのを覚えている。そして

大房先生のゼミに入ることにした。

大房先生は、僕をNHKでバイトさせて、ADの経験をさせてくれた。

大学2年生のキングオブコントの準々決勝が終わった時に冒頭の、

「必ずそれぞれがテレビ局になる時代がくる」

という言葉を思い出した。何かやり方を変えないと、自分たちはたくさんの人に見てもらえないと悩んでいた時だった。

テレビ好きの僕はYouTubeを始めることにした。

それを先生に報告したら、驚くべき反応が返ってきた。「へえ」だけだった。めちゃくちゃ冷たくされたのを覚えている。特にきっと意味はなかったんだろうけど、僕からするとあなたの一言によってインターネットに顔を晒す決心をした学生がいて、なんの責任も取ってくれないんですか！　という怒りに似た感情を発動していた。

それからYouTubeを本当に始めて、毎日のめり込み、テレビのバイトを断るようになっていった僕に先生は、全くアドバイスをくれなかった。

ある時から、あの先生に一泡吹かせてやろう、が一つモチベーションになった。

それから、アスタジオという青学の編集室に365日通い詰めた。雨の日も雪の日も本当に通った。大学生で、勉強をしないで遊んでいる人なんてたくさんいた。その人たちと違って僕は登校し、授業も全部一番前の席で受けて、3年間で卒業に必要な単位を全て取った。知識に飢えていたし、別の学部の授業を受けたり、とにかく毎日投稿をYouTubeで行いつつ、勉強もストイックにこなしていた。

それは同い年の学生へのある種の怒りや羨ましさもあったのかもしれない。

サークルいっぱいやめた男の逆襲である。

全部自分のせいなので、逆襲なんて言いがかりすぎるけど。

僕は、青春を全てパソコンにぶつけたし、大学生活をMacBook以外と過ごした記憶なんて全くない。

それなのに自分が一番不安定な人生に足を踏み入れているという事実が納得いかなかった。とにかく焦っていた。一介の大学生が、たかがYouTubeを始めるという出来事のはずなのに、自分は初めて本当の覚悟を、このときにしていたんだなと思う。

つまり自分にとって、ネットに顔を出すということは命をかけることと同等だった。失敗は許されない。

そして気づき始めた。大房先生は、見てないようで実は見ている。

なんとなく昭和っぽいが、僕の覚悟を測っている気がした。学生で大口を叩いたり、興味があるんですと懐く人を、先生はたくさん見てきて、その多くは口だけで散っていくことも知っていたんだと思う。

大房先生の目は、遊びでやっていける世界ではないことを語っていたし、結果など見ていなくて、姿勢を見ていた。

身近な人は結果ではなく、姿勢を見ている。

それ以来、授業がない時も編集部屋に先生がちょくちょく顔を出してくれるようになった。先生は自分の仕事。僕はYouTubeの編集。たまに目が合うようになったがすぐお互いに逸らす。ほぼ我慢くらべの喧嘩状態だった。特に言い合いはしたこともないけど、男同士の意地の張り合いが繰り広げられていた気がした（超勝手にそう思っていた）。

そうしたら、大房先生は今日もいるのか？　とたまに話しかけてくれるようになった。ワタリウム美術館の展示をするから手伝ってとか、自分は日本で初めてＶＪ（映像を音楽に合わせて投影すること）をしたという話をしてくれて、教えてあげようかなんて話にもなった。アスタジオで電気を消して、壁に映像を投影して、ＶＪの練習にも付き合ってくれたり、３Ｄプリンターの使い方も教えてくれた。

この頃ぐらいから、エセダンブルドアとエセハリーみたいに僕らはなっていた。

先生の行きつけの飲み屋にも、連れて行ってもらうこともあった。あまり人に懐くことに意味を感じなかった僕が、気づけば先生を信頼していた。ご飯を食べている時は、海外でウケる動画を作れだの何だの、つべこべ言われた。でも本当は、すごく尊敬していたから、こうした関係になれて、YouTube を頑張っていてよかったと感じた瞬間だった。

でも。

先生はまだ60歳くらいだったけれど、みるみる痩せていった。

ちょうど水溜り（みずたま）ボンドのチャンネル登録者数が１００万人を突破したときに、先生でも知っている『クイック・ジャパン』の表紙に載ることが決まった（隠していたが、実は自分で編集部さんにラブコールのメールをして表紙を提案したという暴挙に出ている）。

そして、『クイック・ジャパン』の表紙が決まりました。という報告をして
「発売されたらちょうだいね」

と言ってもらえた。初めて先生の基準で、一つなしとげた仕事を手にしたと思った。

でもそれ以降、先生はアスタジオに姿を見せなくなった。大房先生の他にお世話になっていた山本先生から、

「大房は病気になって大変らしい」

なんて話を聞いた。

『クイック・ジャパン』は無事、発売された。一冊多く買って、アスタジオに置いておくことにした。いつでも大房先生が登場した時に渡せるようにしていた。そんな日がずっと続いた。おかしいなと思っていたが、深く考えないようにしていた気がする。

そしてある日、いつものアスタジオで編集をしている時に、先生が亡くなったという話を聞いた。

びっくりしたけど、振り返ると、痩せ方が尋常じゃなかったのも思い出した。

自分が夢中になって、認めてほしくてがむしゃらになっている間に、そんなことが起き

るなんて考えてもみなかった。お葬式の時に、棺に『クイック・ジャパン』を入れに行った。親族の方に、家でよく

「面白いやつが出てきた」

と話をしていたと聞いた。涙が止まらなかった。

先生の人生の中で、面白いやつになれているなら、もっとやってやろうと思った。

寝ていたら、世紀の大発見をした話

どこでだって寝られる、のび太みたいな能力を持っている。
いままで寝られなかった日が記憶にない。無人島でもブラジルでも、雪山でも寝られる（全部YouTube撮影で行った場所だ。ブラジルには、じゃんけんで負けて日本の裏側ということで行くことになった。すごい職業だ）。

僕はこう見えて寝ることが好きだ。

ドカン!!!

そんな音が鳴って深い眠りから、目が覚めた。

『え、これ何の音』

絶対に今、ドカンという衝撃音が鳴った。バタバタした生活の中で、やっと爆睡できたと思っていたのに。外を見ると、工事をしている人がなにやら大きなものを運んでいて、それを落としてしまったらしい。ここからもう一度寝る気もしないなと考えていたら、世紀の大発見をしてしまった。


この本を読んでくれているあなたにだけ、この世の中の理(ことわり)をひとつ教えてあげよう。

寝てたのに「ドカン」と確実に聞こえていたという事実についてだ。

寝ていたら、ドカンのドの部分は聞こえずに、カン! の部分だけ聞こえるのが普通のはずだ。なぜなら寝ていたら音は聞こえないはずだからである。


しかし、確実にドカン! と聞こえた気がした。これってつまり寝てる間って、常に脳は音を聞いているということではないか。ニュートンがりんごが落ちるのを見て、重力に気づいたように、ドカンがドカンと落ちる音で僕は気づいてしまった（めちゃくちゃつまらないダジャレを入れ込んでいることにあなたは気づいてしまった）。

変に気になってきた僕が、次に思ったのは、実はドカンとなにかが落ちることを予期して、ちょうどその音が鳴る寸前で起きたのではないかという仮説である。だってたまにスマホのアラームが鳴る直前に起きて、スマホで時間を確認しようとした刹那にアラームが鳴ったりしないか？　あれってなんなんだ。そろそろアラームが鳴るという緊張感が影響しているのか？

そうなるとYouTubeを9年もしてる僕は、どうしても調べたくなる。

もちろんインターネットには、きっと答えは書いてあるかもしれないけど。調べる前にまず検証だ。こうしてアラームをスマホの初期設定の中で、一番変なアラームにして起きる瞬間に一番初めの音を、自分が認知しているのかを検証するという生活が始まった。今回はそんな研究者の卵として立ち上がった一人の男の物語をお送りすることとする。

1日目。

目覚ましをゆったりかけたせいで、アラームの30分前に起きてしまった。

ここで、もう一度検証のために寝てしまったらきっと睡眠が浅いのでヤラセになってしまう。そうなると二度寝したいのに、起きなくてはいけなくなった。失敗。

2日目。

今回はいつもより、15分も早めに目覚ましをかけてみた。
前日かなり遅くまで作業をしていたので、眠りが深すぎて目覚ましの1音目どころか、全体的に聞き逃して2周目くらいで起きた。失敗。
難しすぎる。こうなるともう無茶苦茶眠いときに、無茶苦茶爆音でアラームを鳴らす方法しかなくなってくる。スマホをスピーカーに繋(つな)げて寝ることにした。ついに3日目で盤石な体制が整えられたと言える。

3日目。

アラームはBluetoothでなぜか流れなかった。普通にスマホから流れた。こっちは大音量で流れる心づもりで寝ていたので、その反動で音が小さく感じて、めちゃくちゃ寝坊した。最悪の失敗。

もう諦めてどうでも良くなってきた4日目。

今回の作戦はスマホを、耳の近くに置く作戦だ。音を大きくする方法はスピーカーだけじゃない。音源の近くに耳があるという原始的な方法を採用した。

頭の横にスマホを置く。

寝ようと思っても、なんかどこかの雑誌で読んだスマホを脳の近くに置くと、電磁波があまり脳に良くないらしいという知識を思い出してしまった。凄(すご)くソワソワし始めた。なんか脳が破壊されていくような焦燥感に襲われた。

だめだ。寝られない。もう無理だ。

もう普通に気にせず寝てやることにした。ここにきて諦める。失敗。


挫折をした。

もう本当にどうでも良くなっていた。あの工事の人のドカンという音に対しても、一体何をどんな落とした方をしたら、あんな大きな音が鳴るのだと苛立(いらだ)ってきた。いや、むしろドカンという音なんて、鳴っていなかったのかもしれない。

はじめからドカン！　という音自体が夢で、その夢の音でびっくりして起きたのではないかという仮説まで出てきた。

迷宮入りが始まろうとしていた。

コナンだったらどうするんだろう。というかコナンは、身体が子供になっているけれど、子供らしく10時間くらい寝たりするのだろうか。あの漫画の一番のミステリーは、小さくなる薬が存在するということではないのか。

でもコナンは、

「真実はいつも一つ」

と言っていた。きっとこの睡眠検証にも、真実はあるはずだ。

ここからもう一度、最終決戦に向かおうと心に決めた。リアルタイムで今日の夜、挑戦してみることに、今この文章を書いていて決めた。

スマホの音量をマックス。

なるべく耳の近くを意識して、寝てみようと思う。きっとこのあとの文章で、全ての結果が書かれているはずだ。もし書かれていなかったら、ゾンビ映画とかにある、研究者の途絶えた日記と同様、なにかヤバいことを解き明かして、闇の組織に消されたと思ってほしい。それでは検証してみよう。

最終日。

完全に成功した。

結論、本当に1音目が聞こえた。人間は寝ているのに常に、音を聞いている。

結論はもう一つあった。

果たして、僕は一体5日間も何をしていたんだろう。4日間という大切な時間を無駄にしてしまった。

僕にも嫌いな人はいる

僕は不機嫌になることが少ない。

幼少期はだいたい、怒るとヘソを曲げて帰っちゃったり、泣いたり、殴ったりする子がいたと思う。当然そんなことは僕の人生には起きない。理由は簡単だ。

恥ずかしいからだ。

自分の感情を、自分でコントロールできずに、場の空気を乱すことほど恥ずかしいことなんてないと、脳内にインプットされている。

自分がウンチを漏らしたのに、周りに掃除させるようなものだと思う。もちろん周りからの影響もあるし、逃げ出さないと自分を守れないときだってあるから、みんなにはどうか自由に生きてほしいなんて思う。でも、どうやら僕は逃げ出せないらしい。平静を装わないとどうにかなってしまう性格のようだ。

そんな僕でもイライラすることはある。

イライラすることがないから、優しい人というわけでもないし、怒らないから優しい人なんてもってのほかだということは、この30年の人生ではっきりとわかった気がする。

わりと自分は争いごとは穏便に済ませたいタイプだからこそ、ニコニコしている節はある。でも、本心では心が嵐のようになっている状態のときだってある。

ただ、その心の荒波を見せずに生きていては息苦しいだけだ。

その気持ちを伝えるからこそ、真正面から仲良くなれることもある。そういう場合、僕はすごく苦手だけど、自分ができる範囲で空気でやんわりと出すようにしている。

本当に僕のことを知ってくれている人は、僕が不機嫌になっていることを察知してくれていると感じる。もちろん鈍感な人は気付かないが、ニコニコしているように見えても、全く心ここにあらずの、オート操縦モードになる場合があるのだ。

このときの精神としては、とにかくこの場所を、やり過ごしていち早くこの場所から逃げ出したいと言うような帰巣本能に近いものだ。なんとか笑顔の仮面をつけて、場を凌ぐ。

しっかりと伝えたら伝わる場所では、ここ3年ぐらいはガツンと言えるようになった。それはその言葉を受け取ってくれるという信頼と、ぶつかれる覚悟が僕にできたからだ。

しかしそれ以外の場合も存在して、わりとこの人はこういう人だから期待してないでおこうというレッテルを一度でも貼ってしまうと、どうでも良くなってしまう嫌な自分もいる。

こういうケースは、3、4回は改善を試みようとするが、それを打ち砕かれてもうこれ以上に、心を消耗したらまずいことになると思った時である。

どういうときにそれが起こるのかは実に明確で、誰か相手がいるもの、仲間が関係するものに対しての、他者へのリスペクトの希薄さを感じたときである。

だいたいの場合は、絶対にいいものを作って見返してやる！　という強い意志で仲間と立ち上がる。大概の言い合いでよく陥るのが、その場においてはどっちが正解かわからないというパターンだ。そういう答えが曖昧で、でも自分に確証がある場合は、なるべく衝突を避けつつも、結果で全てを乗り越えるというやり方をする。

なんでこんな文章を書いているのかというと、実は今日はかなり悔しい1日だった。昔だったらそれを文章に書くことなんて、唯(ただ)の愚痴だと思っていたけど、それすらもこの本には書いてみようと思った。

今日いった現場の空気がすごく苦手だった。

自分たちYouTuberという仕事をしている人間に対して、リスペクトを感じなかった。雰囲気も、ゆるすぎるあの感じが無理だった。意外とYouTuberに対して、数字として認識していて、下に見ている現場は多くあるということを、この10年で知った。

自分が裏方の仕事をするからこそ、出る側のモチベーションの重要さなんて身にしみるほどわかる。

圧倒的に本人がやりたいと思った熱量のある仕事と、その仕事の評判は必ず比例している。

それは、クリエイターとしてやってきた僕がどちらの側面から見ても感じることだ。

少しだけ毒を吐いてみたところで、逆に僕が大好きな人たちの話をしたい。

僕が大好きな人は、サービス精神が旺盛な厳しい人である。

プロとしての自覚を持っているし、自分の分野においては、しっかりとやることはやった上で、なにか相手の土俵に上がるときは低姿勢だったりする。

あくまで、相手の土俵に学びにいくんだという姿勢を感じる。そんな人からはYouTuberというものにリスペクトを感じるし、その優しさと強さにワクワクする。

そういう人たちも業界にたくさんいて、僕はその人たちがすごくかっこいいなと思う。

YouTuberというカウンターカルチャーで育ったからこそ、寛容でかっこいい人は一目でわかってしまう。

内緒でもらった１００円玉

髪を切るということを意識するようになったのはいつのことだろう。
中学、高校とボウズだった僕は、髪型を全く気にしなかった。ボウズになったから気にしなくなったわけではなくて、気にしないからボウズになったのだ。卒業アルバムを開くと、ボウズの僕が出てくるが、ボウズのくせに、なぜか寝癖がついている。これは宇宙の不思議だった。

自分にとって、髪なんていらないものだった。これは強がりではない。

まず第一に小さい頃は美容室ではとにかく「スポーツ刈りで！」を連呼していたのを覚えている。周りでは、ちょっとオシャレなベッカムヘアが流行していた。頭の真ん中の部分をちょっと盛るあれだ。あの恐竜ヘアである。目立ったりすることが極端に苦手だった僕は、スポーツ刈りでよかった。

僕は小さい頃から、誰もが一番いいそうなことを言ってきた人生だった。周りに馴染むことが最優先だった。だからみんなが通っていたパチンコ屋の隣の美容室に通うことにしていた。

そこに通っていた理由は、実は他にもあった。今考えても天才的なビジネスだと思っているが、髪を切り終わって店を出る直前に親に内緒で100円をくれるのだ。

よくわからないがきっと法律スレスレだ。

だいたいの散髪料金が1500円だとして、子供に100円を渡す。これで店長と僕には一つの秘密が生まれる。双方に大きなメリットがある取引である。当時、お小遣いは毎月1000円だった。それを髪を切ることで1・1倍に跳ね上がらせることが可能となる。

そして、誰にも知られていない収入源が存在するという「自分で稼いだお金である」実感。脳汁が出た。（当時は髪を切ることがめんどうくさかったので、髪を切ったということに対しても、頑張っている感覚があり、それを正当に評価してもらえているように感じて、勝手に稼いだと勘違いしていた)。

今思い返すと、その地域の子供たちにたった100円で半永久的に髪を切りに来させるという戦略は、リピーターの作り方としては完璧すぎるマーケティングだったと思う。

僕が生まれ育ったあの地域の子供だけの秘密だ。親たちは首を傾げていたかもしれないが、全子供があのお店に吸い寄せられていっていた理由はこれだろう。なんてったって、駅前の1000円カットに行って、親のお金が浮くことよりも子供たちにとっては100円もらえることのほうが大きなメリットだからだ。

そんな小学生時代を乗り越えて、周りの友達は、なんとなくモテたいとか、髪型をかっこよくしてみたいとかを考え始める青春時代がやってくる。しかし、時の流れなど自分にとっては関係のない出来事だった。

中学高校は、勉強や部活をする場所であり、恋愛などをする場所ではないという強い思想を持っていた。

クラスにいる、ワックスをつけて髪型をキメているアイツも、学校帰りにダーツをやりにいくモテているアイツも。自分はどうしても認めたくなかった。

だから人生で、自分でワックスをつけたことはほとんどないし、ヘアアイロンも使ったことがない。だって面白いことがしたいのに、かっこいいなーとか思われる必要なんてどこにあるんだと思うからだ。自分はYouTubeの企画として、面白いことをすることが大好きで、それをとにかく見てほしいのである。

自分をみてほしいと思っていない。むしろルックスについて、とやかく言われると本当に伝えたいことが、ぶれてしまう気がしたのだ。僕は色々なものを見るときにその人のナルシシズムが、作品よりも前に出てしまっていると、一気に冷めてしまう時がある。


そんな過激派な意見を持つ僕だが、どういうわけか去年から毎月髪を切って身だしなみを整えるという習慣がついた。

一体どうしてこんな月一のパラダイムシフトが訪れたのだろうか。


理由は簡単だ。めちゃくちゃ間違えていたと反省したからだ。

活動を始めた頃はYouTubeはただの、素人（しろうと）の延長という認識だったので、ボサボサの髪も親近感に繋がっていた気がする。当時、テレビばりに毎回髪をセットしてヘアメイクさんをいれているYouTuberなんかがいたら、きっと炎上していると思う（割と本当に）。ただ時代が進んで、YouTuberの年齢層が上がり、自分もあれから5年、そして10年と時を過ごしてきた。

ふと気づいたのだ。

もう身だしなみを整えないと、逆に見せたいものよりも、寝癖が気になって見づらくなってきてるんじゃないのか？

あくまでそこの自分らしさだったり、企画優先でなんでもいいという思想が変わったわけではないし、急にモテたくなったわけでもない。

ただある程度、動画を作るうえで、必要最低限のマナーは必要だなと思った。ちなみに当時は僕だけじゃなく、多くの人気クリエイターも寝癖で出ていたので、親近感が重視されていたり、人物への興味よりも、動画の企画にスポットが当たっているという大前提が存在している気がした。

そんな僕が、とうとう月一で必ず美容室に通い始める時が来た。

それは煙草(たばこ)を29歳の誕生日に一度吸ってみたことに起因する。信じられないかもしれないが、本当にあの日から全ての物の見方が変わったのだ。自分が、やりたいこと、やらないこと。自分で決めた自分の像を再度、見直すようになった。

もう流石(さすが)にちゃんとしよう。身なりであったり、仕事のスケジューリング、部屋や身の回りのものの管理にもかなり気を回せるようになった。そういった意味で、自分を見直す着火剤として煙草はすごい効果を発揮した。

自分はだらしない性格だけど、そんなだらしない自分が嫌いで許せない二重性がある。そんな自分が嫌になって、僕が僕に課したのが、強制的に今年の末まで、毎月1日に美容室の予約を入れるという荒業だ。

僕には一度決めたら、何も考えないでそれをずっと全自動でやり続けるという便利な能力が備わっている。

それからというもの、毎月の1日に必ず美容室に通っている。

美容師さんも、突然の理由がわからない変化に、いつもちょっと引いた顔をしている。

留守番電話との闘争

留守番電話が許せない。留守番電話のシステムを考えたのは本当に誰なのか名乗り出てほしい。今日はひどく気性が荒い文章になっているが、大前提として本当には思っていないということだけ、念頭に入れてぜひ読んで帰ってほしい（家で読んでいる人は帰れなくてごめんね）。

僕は企画で、海外サイトで変なものを購入することが多い。たぶん日本一多い。週2、3回はインターホンが鳴る。それなのに、撮影で日中は家を空けていることも少なくはな

いので、自然と大量の留守番電話が僕のスマホを鳴らし続ける。

そもそも電話というものが、自分はすごく苦手である。孫悟空の頭についている緊箍児(きんこじ)のように、電話が鳴るたびに頭を締め付けられる感覚がある。

「ピー。お預かりしているメッセージは○件です。最初のメッセージは×月×日の＊時＊分……」

みたいな部分が、まず長くて脳を締め付けられる感覚に襲われてしまう。

だってスマホにはもう画面があるんだから、どうかそちらの方に表示して一瞬で把握することはできないのだろうか。

お願いします神様。この話を書き始めただけで、僕はもう頭がすごく締め付けられています。しかし、これだけで僕はこんなに憤らない。もっと気になるのはメッセージを再生し終わった時に流れるあれだ。

「ご用件が×××の方は1を、ご用件が△△△の方は2を押してください」

この番号を押させるあれで許せないことが起きたのだ。

いつものようになるべく落ち着いて、留守番電話を聞いていた時に、宅配業者の方の残したメッセージがちょっとおかしかった。

「玄関においておくのはあれだったので、また再配達させていただきます」

「…………」

普段であれば、留守電を消去する方は〜的な文言が続くはずだが無音が続いた。

宅配業者の方が、電話を切ったと思って作業に戻っているが、ポケットで電話が繋がったままになってしまっているのだ。

ポケットにスマホをしまった後の布とスマホが擦れるザッザッという音を1分ほど聞かされることとなった。待てども待てども、留守電を消す番号は〜というフレーズまで辿り着かない。

しかし、このまま電話を切ってしまうとスマホの上部に、ずっと留守電マークが表示され続けてしまうので、どうしても消したいという気持ちになってしまった。

こうして、自分の中で勝手に、

「第1回！　留守電消す番号を予想する選手権!!」

が突然開催されることとなってしまった。

うっすらある記憶として、たしか1は「リピート」だった気がした。

そうなると消去する番号は、「2か9」である気がしてきた。まるで『クイズ$ミリオネア』である。ミリオネアにテレフォンという救済措置があったが、そもそも僕はテレフォンを使ってミリオネアをする羽目になっている。

意を決して、9をポチッ!!


「メッセージが保存されました」

ムキーーーー!!!

9がまさか保存だとは思っていなかった。僕はあの宅配業者の方のザッザッをいつでも聞けるサブスクに入ることになってしまった。

9ではないということは、消去は2なのか?


2を押してみる。

全く反応がない。

嘘だろ。そんなはずはない。

だってもう2と9でなかったら1だっていうのか？

いや1はきっとリピートだ。もう一度スタートから業者の方のメッセージだけは避けたい。


その時にパッと閃いた。#が輝いて盤面に現れたのだ。そうだ#だ。
#を押すとか、たまにあった気がする。それだ！！！

「メインメニューに戻ります」

やめてくださーーーーい！

もう勘弁してください。どんだけ難易度が高いんだ。

もうわかった。＊だろ。＊に決まっている。やってやるよ。

ポチッ

無反応。

頼みの綱の2も#も＊も何の反応もない。

本当に消去というコマンドは存在するのか？　シンキングタイムを演出するかのように、あの「ザッザッ音」が鳴り始める。雑音の「ザツ」って、ザッザッの部分からきているのではないかと勘違いしそうになった。もう今の僕にとってはイライラ宅配便が、僕の脳内のインターホンを連打し、土足で入り込んでくるように感じた。


わかった。灯台下暗しだ。

1だ。チェックメイト。

みんな消去したいに決まっていて、そういった声が多いので、最近は消去を1に変更しちゃいましたみたいなパターンだ。

オーケー。1だ!!


「メッセージをもう一度再生します」

「宅配便で〜す！！！　ザッザッ」

もう僕が悪かったでーーーす！　反省してまーーーす！

正直、子供の頃だったら、イライラしすぎておしっこが漏れていただろう。大人になっていてよかった。ギリ僕にはまだ冷静に青空を見つめる余裕があった。

それを経て、さてどうするか。


もういい。俺はやってやる。

無限ザッザッに耐えてみせるぞ。というか初めからそれに耐えていたら、なんてことなかったのだ。

自分のせっかちな性格がこの「無限ザッザの蟻地獄」へと誘っていたのだ。蟻地獄のように出ようとすればするほど出られない。耐え難い時間を耐えることに成功した。ついに「ザッザッ音」が終わったのだ。

ここまできたらついに、一体何番を押したら留守電のメッセージを消去できたのかの答え合わせができる。


もう一度、メッセージを再生する場合は1を、

再生したメッセージを消去する場合は

「7を」

その声が聞こえたや否や。7という数字を、言ったか言わないかの刹那、僕は7を押してこの戦いに終止符を打ったのだ。

いや、7???

7はマジ?

本当に?

信じられない留守番電話との格闘を終えて、今後は困った時は7だと心に刻んだ。

親父と寿司

人生で初めて親父と寿司に行くことになった。

僕と父は、YouTubeを始めるところから、気まずい関係性が続いていた。

僕はどうにかYouTubeで成功していく過程で、家族と関係性を修復していきたいと思っていた。

そしてたくさんのファンの方が来てくれた幕張メッセのイベントの2日前くらいに意を決して父にＬＩＮＥをすることになる。「来てほしい」と。めちゃくちゃ送りたくなかった。

来られても恥ずかしい。でも呼ばないときっとたくさんの視聴者さんに対して面白いことをする前に、自分の人生としての順番がおかしくなってしまう気がしていた。

マレーシアで生まれて、シカゴで育って、また日本で友達を作った自分は、YouTubeを始めようが、それがうまくいこうが、どこまでいっても佐藤家ではただの息子なのである。

そこから離れてまで、やりたい面白いことなどない。

だからこそYouTubeをしていても、決して汚いことはやりたくないんだなって思った。それくらい両親の目線は、自分に大きく刻み込まれているんだろう。

父から返ってきたＬＩＮＥは
「行けると思う」

とのことだった。なるべく他の予定で来ないでほしいとも思った。僕は誘ったことは誘ったぞと、そっちの事情で来られない分には嬉しいなんて思ったりもしていた。

そうして舞台の幕が開き、イベントが始まった。本当に目の前に７０００人の人が現れた。めちゃくちゃ嬉しかったし、不安だったし、この人たちの期待に応えたいなんて気持ちでいっぱいだった。そんな中でライブは進み、トーク中に父親が見に来ているかもという話に展開していく。

その時に父が関係者席で両手をあげた。照明さんのスーパーテクニックファインプレイによって、父にスポットライトが当たったのだ。

舞台から、手を振っている父を見たあの景色と、それを喜んでくれるお客さんがいて、自分の物語は一つエンドロールを迎えた気がした（この本の中で実はこの話は2度出てくるが、大切な話なので2度も書いてしまった）。


生まれてから始まった父との関係がYouTuberになった僕とも繋がり続ける証明となるような一歩だった。そして話は冒頭に戻る。それ以降は年に2回くらい実家に帰るようになり、少しずつ喋るようになった。

そして、父と酒を飲んだことがない僕は、29にしてサシ飲みの提案をすることになる。

「飯、今度いきたいです」

もう仕事の大先輩にLINEするみたいな重さがある。

なんで突然、こんな連絡をしたのかはわからないけど、きっと自分の憧れる生き方をしている父に対して、素直に父親としても尊敬しているし、これから年齢を重ねていく自分にとっての道標を作ってほしいなという気持ちもあったのかもしれない。

「いつも行ってる赤坂の寿司屋に連れてってやる」

めちゃくちゃ緊張した。

もうその予定の日は、ずっと心此処にあらず。遅れるわけにはいかない。

山王の日枝神社の前のファミリーマート前に集合と言われた。お店のURLとかではない。文章だった。

緊張のあまり予定の1時間前にそこに着いた。着いたことを伝えても仕方ないので、日枝神社でお参りをしたりして時間を潰し15分前に連絡を入れた。

ここですよね、と。

嫌な予感がした。

ここからが衝撃の展開だ。山王の日枝神社わかりますかという聞き方をしたら、タクシーの運転手さんがちょうど地元ですよと、連れてきてくれた今いるこの場所は、全く違う場所だったのだ。

どういうことかわからないだろう。

そうなのだ。日本の、しかも東京にはファミリーマートが近くにある山王の日枝神社は、車で30分離れた場所に2つ存在していた。

そうだ。赤坂と近くないぞここは。

『SLAM DUNK』に諦めたらそこで試合終了ですよ。という名言があるが、諦めて試合終了だった。


こんなに冷や汗をかいたのはいつぶりだろうかというくらい。

そして遅刻して寿司屋に行くことになる。

父は、

「社会人として失格だ。普通は前の日に調べて俺だったら一度確認しに行く」

そう言った。それはもう絶対に本気だ。だって父は、毎朝始発の電車に乗って新聞を読んで、しかも空席がある電車でも立って、会社に向かうような人だった。これがうちの父である。

とにかく謝ってみた。

気づいたらお酒も進んで、楽しい会になって、いろいろな相談をした。

「素直に父親からYouTuberをしてる自分はどう見えていて、どうなっていったらいいと思うか」

そんな下心満載の話をした。とにかく父に聞きたかった。

「しらん。YouTuberの世界もわからんし」

「でも、もうお前は大人だから世界の状況をもっと知ったほうがいい」

「それにおれは俺で70だけど、いまも人生を楽しんでいて、お前の人生なんて知らん」

そう言われた。

めちゃくちゃ嬉しかった。

ちょっと自分のことを誇らしく思っていてほしいとか思っていた自分が馬鹿だった。父にアドバイスをもらって、あーだこーだ言われてみたい気持ちもあった。なぜならYouTuberという仕事に指針などなく、日々不安だからだ。

でも「しらん」と言われたときに脳がパッカーンと開いたのだ。そうだ。

「自分のやりたいことは自分で決めるし、自分の人生は自分のものなんだ」

何歳になってもリタイアなんてないし、70歳になってもワクワクしながら自分の人生を歩む人に自分はなりたいと心に決めた。

相方ってなんだ

自分は小さい頃から、バラエティ番組が好きで、芸人さんも大好きだった。
芸人に憧れてなれなかった人がYouTuberなんだろうという人もいる。
角度を変えれば自分もその一人かもしれないけれど、自分は今生まれ変わっても
YouTuberになりたいと思う。
なぜなら多様で、いろいろな文化や刺激が合わさる時代の中心は、間違いなく
YouTubeであるからだ。
そんな渦中のど真ん中に、自分はいたいなと強く感じる。

芸人さんではない自分たち、水溜りボンドというコンビがお互いのことを「相方」と呼ぶことに違和感を感じていた。

だって芸人さんみたいだし、自分たちの動画での挨拶の「はいどうも〜」という入りも漫才みたいで、むず痒い。ただ、それが芸人さんに憧れつつも、YouTuberという職業に魅力を感じた自分たちの選択だったたと思う。

今回は珍しくYouTuberコンビにおいての「相方」というものを考えてみたいと思う。相方というとなんかかっこいいがYouTuber的にいうとしたら、一体なんという言葉なんだろう。

相方という言葉を調べてみた。

（演芸で）組む相棒。

そう書かれている。

では演芸というものに、インターネットでの活動は該当するのだろうか。

演芸
観衆を前にして演じる芸能。

果たしてYouTubeは、芸能であるのか、観衆を前にしているということになるのか。

自分は高校生の頃に、相方募集掲示板というお笑いコンビを社会人の人たちが組むための掲示板に募集をかけたことがある。ハイスクールマンザイに出場しませんか。優勝できるネタは持っています。

激イタ高校生である。しかもこれは高校のクラスの誰にも内緒でやっていたことで、普段は、学級委員を真面目にやっていた。

自分の黒歴史は、漆黒である。

黒色の歴史にさらに、泥を上から塗ったような歴史である。自分は他と違っていて、誰よりもセンスがあると勘違いして、地球の中心が自分だと思っているやつだった。そんなことはないということなんて、わかりきっていたのに、どうしても1%の可能性を信じて、強がっていた時期だったのだろう。

そんな中で、自分は10年くらい二人組でほぼ毎日顔を突き合わせることになる富永知義（とみながともよし）という男に出会った。

ただ高校生の頃の自分には申し訳ないが、この男が君が募集していた相方、であるのかは謎である。

友達と仕事をしている、に近い。

順番が非常に重要で、仕事があって友達なのではなく、友達だった結果、ともに仕事をしているのだ。

果たしてこの男は、僕にとってなんなのだろうか。

一つ言えることは、自分の人生において、間違いなく友達になってこなかったタイプの男である。そもそも興味を持っているものや趣味も違う。ただどうにも根底の部分で共通する1ピースが一緒なのだと思う。

そのたった1ピースが、とても僕らにとって重要なものだった。それがなんなのかは一切わからない。家族に近い関係なのかなと思う。

家にいる家族に、学校であった話をするかと言えば、するときはするし、したくない時はしないだろう。別にいいという安心感がある。家族じゃないくせに家族っぽい空気が流れてる関係性だ。だから新幹線で隣の席にされると、無性に恥ずかしい時もあるし、特に別に話しかけなくてもいいやと思う時もある。

小さい頃を思い出す。

学校での自分のカーストがどうとか、今日はどんな嬉しいことがあったのか、部活でうまくいかなかったとか、そんな日常は母親が待つ家に帰って、夜ご飯を食べている時は関係がなかった。

自分の仕事においてのそういった世界が、水溜りボンドなのかもしれないなと思う。10年も二人で活動を続けてきて、当然いろいろな経験をしてきた。悲しいことや嬉しいこともたくさん経験した。

それでもカメラをオンにすると、大学生の頃にタイムスリップしているような感覚に戻れる。これまでの10年も、何度もこの撮影という時間が、自分をニュートラルな気持ちに戻してくれていたことは間違いがない。

もちろん、それぞれ10も歳をとっていて、お互い価値観が変わる出来事も起きているだろう。この先も取り巻く環境が変わったり、結婚して家族ができたり、子供ができたり、人生はどんどん進んでいくだろう。

それでも最終的に、外的要因は何も関係ない場所が水溜りボンドなのだと、僕は思っている。

実家に帰って、母の手料理を食べたらなんとなく楽しい気持ちになるように、学校のことを話さなくてもいいということが信頼関係の形であってもいいと思う。

家族よりも、学校のことを真摯に聞いてくれる塾の先生の方が、仲がいいのかといったら違うように。

その曖昧な関係性が、きっと僕らなのである。

本当に大切な友達は、人生で一番多く会った友人ではないかもしれない。

本当の友達には、何が起きても優しくすることが、正しいわけじゃないかもしれない。

全部身の回りのことを話すから、一番仲がいいわけではないかもしれない。


一見、小さい頃に思っていた友達という言葉よりも、どんどん難解になっている気もするけど、何も話さなくても、なんとなくで腹を抱えて笑える関係性が不思議で面白い。

それでいいと僕は思う。

僕は高校生の時から相方募集掲示板で、本当はそういう友達を探していたのかもしれないと思う。

今、相方募集掲示板で募集するとしたら、

「僕と同じように変なやつ」

なのかもしれない。


それが僕らのちょうどいい距離感だ。

とにかく会った時に「いつもの感じ」になれたらそれでいいんだと思う。

ニューヨークの風

2023年12月28日。ニューヨークに降り立った。

このタイミング。20代の最後の年越しで、自分がどうしても行きたいなと思って、急遽アメリカに行くことにした。

具体的に、なぜニューヨークに行きたかったのかは全くもってわからない。でもどうにかこの駆け抜けた20代を振り返りつつ、これからの30代にワクワクしたくて、もっともっと世の中の面白さを全身で受け止めたくてニューヨークに行くことにした。もしかしたら疲れていたのかもしれないし、30代への希望が欲しかったのかもしれない。

ニューヨーク旅行は、ただの羽伸ばしの遊びではなくて、自分の中で、あの大学生の頃にダサいと思ってやらなかった「自分探しの旅」のようなものだったのかもしれない。30手前でやるのが一番ダサいと思ったけど、そんなことを思う自分が一番ダサいのでダサいこともやることにしている。

20代は本当にいろいろな経験をした。

YouTubeに出会い、たくさんの視聴者さんに出会った。そんな夢中でただ1㎜でも前に進みたいと我武者羅に進んできた自分は、今どこにいて、どこに行きたいと思っているのかを日本から離れて考えたかったのかもしれない。

それこそ糸の切れた凧のように、もしかしたらどこかに行ってしまうかもしれない。もちろん僕が視聴者さんをおいて、無責任にどこかに行くなんてことはないけれど、僕とファンの方の関係性や相方であるトミーとの関係性は義務的なものなんかじゃない。本当のところ、自分がいろいろな物事をどう思っているのかも考えたかったのかもしれない。

自分についた糸が自分を、ここにいさせているわけじゃなくて、自分がここにいたいと思っているかの確認をしたかった。この10年を経て、自分のことを少しわかった気もする。けれどこの10年を経て、また変わった自分もいるから、またこれからの自分を探さないといけない。このイタチごっこは死ぬまで続くのかもしれない。

この仕事はワクワクできなくなったら終わり。

飽きたら終わり。そう本当に思っている。

ニューヨークに行く飛行機では、全く寝られなかった。ワクワクして、飛行機でずっとPCとiPadを交互にいじっていた。そんなワクワクした気持ちになって思い出したのは、小学生の時のことだった。いつもだったら寝ている頃に、目が覚めて、トイレに行こうとしたら兄貴の笑い声が聞こえてきた。

あんまり兄が大爆笑なんてしているイメージがなかったので、気になって水を飲むふりをして、リビングに行くことにした。そのときにやっていたのが『ダウンタウンのガキの使いやあらへんで！』だった。電流が走った。自分の知らない世界があることを知った衝撃だった。そんな未知の驚きとワクワクを経験するような感覚を、飛行機で思い出した。

これが自分探しの旅か。飛行機に乗っただけでこうなるとは、自分探しの旅っていいぞ。ネーミングが悪いだけだ。海外で自分探しの旅がなんて呼ばれているのか調べた。ソウルサーチングだった。それもやばい。

そしてそんな気持ちで向かったニューヨークで奇跡の夜が訪れた。

毎日お酒を飲んでいる友人からこんな話を聞いたことがあった。

「100回飲み会に出て、たった1回、伝説の1日っていうのに出くわす事がある」

全てのタイミングが一致して、びっくりする展開が起きるときがある。そんな話を人生で100回も飲み会に行ったことがない自分は話半分で聞いていたけれど、ニューヨークでそれに出くわした。

ニューイヤーを迎え、編集チームの仲間2人と、せっかくだからバーにでも行って、お酒を飲むかという話になった。そこで3人で熱い話をして、いつものように早めに解散かなと思っていたら、隣にニューヨークに出てきたばかりの役者さんとその友人たちが座ったのだ。

ハッピーニューイヤーということもあって、一緒の席に座ってお祝いして、つたない英語だけど3人共、英語が少し話せたから会話が弾み始めた。

その流れで次の店も一緒に行くことになり、人生で初めてちょっとダンサブルなクラブみたいなところに行った。

日本でも一度、クラブに入ったことがあることを思い出した。その時はサッカーの日本代表の試合を応援しに一人で行った。クラブってどんなところなんだろうとワクワクして、その職業体験的なニュアンスがメインで行ってみた。変にバレたら、恥ずかしいから日の丸のハチマキを思いっきりして、メガネを掛けて、日本代表のユニフォーム上下に身を包んだ。こんなにいかにもサッカーを見に来ました！　みたいなやつはクラブにはいない。逆に目立っていた。そして本田圭佑（けいすけ）選手が得点を決めたときに、クラブが最高潮の盛り上がりを見せた。

もみくちゃにされた。ちょっとそういうおかしな熱気みたいなものに憧れていたからテンションは上がっていた。しかし気づいたら前方にいたはずの僕は、クラブの後方に弾（はじ）き飛（と）ばされていた。めちゃくちゃ怖かった。

そんな苦い思い出を持つクラブ。まさかニューヨークで20代のうちにリベンジするチャンスが来るとは思っていなかった。しかも友人2人に、海外のできたばかりの多国籍な友人が8人くらいだ。盤石だ。もう誰も俺を止められない。

小さなクラブのフロアはもはや自分たちを中心に回り始めていた。どれくらい回り始めていたかというと、うちの多国籍チームのメンバーが流れている音楽の曲調を、もっとダンサブルなものにしてくれと注文して、音楽が替わるほどだ。

エグい。制圧していた。

正直、この段階で僕はもう同じチームなのに、一番最後尾に弾き飛ばされていた。なんとかしがみついているという状態だ。サッカーで言うところの試合には出場するけど、なるべくパスは欲しくないし、ボールが来ても、すぐうまいやつにパスを回すほぼ壁みたいなあの状態だ。

しかしそうもいかなかった。

「ヘイ、カモン、アンドダンス、ウィズミー」

ノレていない僕に、仲間が声をかけてきた。そうだここは日本じゃない。ここはニューヨークだ。

気づいたら沢山の人に囲まれて海外のジャスティン・ビーバー風の白い帽子のイケメンと対面してダンスバトルが始まっていた。

ダンスなんかしらん。無理だ。

一応リズムを刻む感じだけ演出して、そそくさと後ろに戻ろうとした。

が、ニューヨークはそんなことを許さない。

ジャスティン・ビーバー（仮）と二人でリズムに合わせて、帽子を踊りながら交換した。

2024と書かれた陽気なメガネをかけさせられて、拍手喝采となった。まるでここは世界の中心で、世界平和をみんなが感じた瞬間だった。ボルテージは最高潮に達し、気分が良くなった。そこでジャスティン・ビーバー（仮）とハイタッチをかました。

（これが伝説の夜だ！！！）

そう実感した。

その刹那、テンションが上がったジャスティン・ビーバー（仮）は交換した僕の帽子を、自分の帽子と勘違いして、窓から店の外に本気でぶん投げた。

（俺の帽子とんでったぞ！！！！）

彼はどこに飛んだかも気にすることなく、僕とジャスティン（仮）との踊りは続いた。

帽子が窓から店の外に飛んでいったその瞬間以外ずっと最高の夜だった。

ちなみにそこで深夜の3時くらいまで時間を過ごして、拡大した12人の僕らのチームはセントラルパークというニューヨークの公園に死ぬほど寒いのに歩いて向かった。道中はウクレレをみんなで弾いて、歌いながら歩いて、巨大なピザを食べつつ、自分たちのこれからの夢の話をした。公園では巨大な石に座って、朝まで語った。石は氷くらい冷たくて、ずっと寒くて辛かったけど、伝説っぽかったから伝説割引で、なんとか耐えた。

最高のニューヨークを経て、日本に帰ってきてからニューヨークの風を吹かせ続けたいと思うようになった。

もっと、自由に。やりたいことをやるためにYouTuberになったし、そんな幸せな仕事はないのに、なにをいろいろ気にしてるんだと思うようになった。

ニューヨークの風を広めるために、ニューヨークに行かなかった仲間たちにお土産を買っていった。お風呂に浮かべるアヒルを、たくさん買った。なんか可愛くて、そのアヒルは自由の女神の格好をしていて、どうにも気に入った。

お風呂に自由の女神が浮いていたらそれは、底なしの自由だからだ。でも友人にそれをプレゼントしたら、「入浴(ニューヨーク)」ってこと？　と言われた。

全くそんなつもりはなくて、赤面した。

その発想によってニューヨークの風は、すぐ凪を迎えてしまいそうになった。

「いやニューヨークにそんなことを言うやつはいない」

突き放した。

このニューヨークの風を発するアヒルを、蔑むことは許されない。

しかし、そのあとお風呂でそのアヒルを浮かべてゆっくりとニューヨークの風を感じていた時にあることに気づいてしまった。

そのアヒルの裏に、Made in China と書かれていた。

この風は、中国の風だった。

煙草で心に火はついたが、ピアスでは風穴は開かなかった

YouTubeを始めたのがちょうど20歳。あれから10年が経(た)ったのだとふと思う。そんな意味も込めて、この本を作ろうと思ったことを今日という誕生日に思い出した。

30歳で本を書くというのはすごく夢だった。あんまり自分のことを曝(さら)け出すのは苦手なタイプだったが、ここ数年突如としてできるようになってきた。

ただの自分を、自分が愛してあげられるようになったんだと思う。そんな時に書いたこの30歳の本を、いつか読み返すのが楽しみだ。赤面かな。

人生は時が経つにつれて早く過ぎると、聞いたことがある。

どうやら10歳のときは10年のうちの1年が過ぎるから1／10。20歳のときは1／20という塩梅（あんばい）で分母が増えていくから体感の重要度が減っていくという話だ。それを中学の先生から教えてもらったときは凄（すご）く寂しかった。同じような日々を送っているとどんどん惰性になっていくという話だ。でも去年と違う今年を過ごせばそう感じることはないだろう。

そんな気持ちで今年はピアスを開けることにした。

人生で一度もピアスを開けようなんて思ったこともなくて、ただただなんか柄が悪いものみたいに、偏見を持っていた。

ピアスに凄く自分は抵抗があった。


理由ははっきりとわからない。ただ開けたあとにその理由がわかった。

自分が仲良くする人の中でもピアスを開けてから、絶妙に僕と目が合わなくなる人がいた。その人はやっぱりピアス怖いかも。と言っていた。

なんとなくオシャレに気を使っている印象を与えることができたり、イメージと違うというところのギャップで人にちょっとした違和感を与えられることは間違いないのかなと思った。

ピアスを開けて1週間が経過した。


なにやらソワソワが止まらない。

ピアスをつけている自分にあんまり納得がいかない。

本当に申し訳ない。

だめだ。

もうむりー!!


1週間で取ってしまった。

本当は絶対にやってはいけないことらしい。ただしっかりと消毒液も買ってきて、すごく丁寧に患部に塗りたくったからどうにか許してほしい。

30代初めての失敗。嫌だったのかどうかもまだ言葉にできないけど、どうにも違和感があったので、一旦外すことにした。

煙草(たばこ)は僕の心に火をつけて、ピアスは僕の心にポッカリと穴を開けた。

この違いは凄く曖昧で、なぜだかはわからないけど、どうやら違うみたいだ。無念。

撤退！

これは一体なんなんだろうか、金属アレルギーで痒くなった気がするし、もしかしたらピアスを開けようとした自分へのアレルギーだったのかもしれない。

この2年で、自分がやったことは煙草を吸って、ピアスを開けて。煙草をやめて、ピアスの穴を閉じた。

遅れてきた反抗期、大失敗。

ルーズベルトのニューディール政策と同じである。必要のないところに穴を開けて、その穴を埋めるような行為だった。

納得がいかなかった。ただ心は、まるっきり変わっていて同じ場所にいるように見えて、全く違う場所にいるというような感覚があった。

知らずに否定するとか、知らないのに意見するほどの愚行はないと思っている。

それはYouTuberになって過ごしてきた中で、自分がされて一番嫌だったことだからだ。それから解放されて、偏見がなくなると同時に、でも自分は違ったという自信をもらえた気がした。もしかしたら自分は、真面目ぶっているだけで本当は無茶苦茶したいのか？なんて恐怖もあったのかもしれない。

さながら自分がやっているのは、夏にエアコンをガンガンにかけて布団をかぶって、あったかいのってサイコーと叫ぶようなことだ。ドアを開けて、外に出れば簡単に解決する話である。

ピュアであるということはきっと傷がないということとは違うのかもなと思うようになった。鎧（よろい）をつけて人に自分の本心を悟られないことがピュアなのではなく、自分の心をなるべく曝け出して、時に傷ついてこそ、ピュアであり、その人の重みになるのではないかという世の中の原理を発見してしまった。

この文章を読んでもし真面目な人がグレてしまったら、本当にいかように謝罪していいのかわからないが、羽目を外しすぎて、本当にやってはいけない一線さえ越えなければ、未知との遭遇は悪いことじゃないと思う。

僕にとってインターネットに顔を出してYouTuberになることがそうだったように。きっとふとした時にマリオでいう１－２から４－１に急にワープできるあれのようなことが起きるのだ。

僕が好きな言葉で、本当にその人を理解するためには、その人の嫌いなものを知る、というものがある。

嫌なことを嫌だと言うこと。
辛(つら)いことを辛いと言うこと。
マイナスが起きないようにリスクを取らないこと自体が、リスクとなることがある。
自分が迷惑をかけた分、相手に迷惑をかけてもらえたらいい。それができた時にこそ、お互いの信頼関係は深まるものだ。

でもそれに気づくと、同時にずるいなーと思ったりもする。

例えばヤンキーがお坊さんになったら説得力が妙にあったりする。逆にずっと真面目だった人がお坊さんになったところで当然にしか思われない。

このギャップ問題についていつもいつもモヤモヤを感じていたが、どうやら悪いことをしてそれを全身で受け止めて、いいことも経験したうえでそっちを選んだということが、その人の奥行きの深さであるとも言えると思うようになった。


海もたくさん行ったけど、山が自分は好きだ。

そう言うから説得力が増す。山しか行っていない人は、もうそれは意地になっているだけかもしれない。素敵な海に出会ったときに意地で涙が出なくなっていないか。それは山にも失礼な話だ。山を信じているからこそ、海の素敵さに感動して、やっぱり山もいいなと思っていたい。そもそも自然って最高だなでいいはずなのである。


自分がなんでも頭ごなしに、決めつけがちになっていたことに気づけた29歳であった。

それまではもう自分が自分じゃないと思ってしまうほど、自分が一度選んでいるものを選び続けていた。サンクコストという言葉がある通り、一度選んだものを無条件で人は選び続けてしまう。ひっくり返ることが怖いし、今まで自分が投資してきたお金や時間を否定することになってしまうのが怖いのだ。

サンクコストなんて糞食らえだ。僕は自分の心が、想像以上の動きをする瞬間が存在するなら、いち早く知りたいし、ないのであれば、それはそれで今の自分により自信を持てるチャンスだと思う。

自分はめちゃくちゃ頑固なのかもしれない。

他にも、色々と経験してみるようになった。

免許を取ってからというもの、危険な気がして一度も運転しなかった車を運転し始めた。お金をたくさん使うことに抵抗があったけれど、ここまで頑張ってきた自分のためにお金を使うようになった。欲しいと思った車を、他人がどう思うかとか、そういったことは気にせずに、欲しいから購入した。

それだけ努力してきたことを、自分が認めなくてどうするんだとようやく思えるようになった。

もちろん心の奥の奥では、まだドキドキと動揺していたりする。車を買って、それをビュンビュン走らせていると、自分が変なお金持ちになっているように感じて、ちょっと心配になる。

でもそう見える人にはそう思われたっていいなと思うようになった。すごく怖いけれど、それが自分が自分らしくいるということだと思う。

もしかしたらこの本を読んで、僕のことを嫌いになる人がいるかもしれない。でも、ここまで曝け出してそう思われたのなら、その人の理想のYouTuberではいることはできなかったということなのだと思う。

であれば、そこは諦めて、またいつか好きなYouTuberとして思ってもらえるように、僕は僕で頑張って自分を磨いて待ってみるとしよう。

これからの30代も自分を試して、試して、ぶっ壊し続けるけど、全く壊れないかもしれないし、変わる部分もあるかもしれない。

予想がつかない自分がまだまだ楽しくて仕方がない。

終わりに。

この本を読了いただき、本当にありがとうございました。この本が現時点の、僕の30年の全てです。

ひとまず書ききった感想をハッシュタグで説明すると

#おわったー!!!!

#やったー!!!!

#ごめんなさい!!!!

です。失礼しました。

とにかく完成したことが嬉しいということです。そしていまこの本を読んでくれている人のことを想像すると、今まで感じたことのないワクワクを感じています。

覚悟を持って約1年間この本と向き合い続けました。校閲以外は全て自分でやらせて頂き、各章をそれぞれ何十回と読み返して、何千本とカットしてきた動画のように、改行を一つ一つこだわって、なるべくリズミカルに読み進められるようにしました。各章のテーマに合ったイラストも自筆で入れたいとギリギリで言い始めたりと、KADOKAWAの藤澤さんには多大なご迷惑をおかけしつつ、ご協力いただきました。本当にありがとうございます。その結果、文章の空白や余白の細部まで愛せると言える本となっております。

出来上がったこの本の内容は、自分でも非常に驚くものになりました。そしてなによりも自分の成長に繋がりました。自分自身の曖昧な輪郭を、整理する大切な機会になりました。あくまでこの本はここ1年ほどのエッセイであり、その時の感情が反映されていますが、その奥の奥には佐藤寛太としての30年の人生と、10年のインターネット人生というものが確実に垣間見えるものになっています。

最後に掲載した僕のYouTubeノートは投稿を始めた日から今もまだ続いています。

学生時代の頃から、自分は計画的に、そして真面目にやり続けることだけには自信がありました。そんな我武者羅な時期を経て、戦略を捨てることを考えるようになりました。

この世界中がSNSをやっているインフルエンサーの時代に、市場において自分の価値を作るには、他人を真似ることや流行に乗ることだけでなく、自分らしく生きることが重要だとようやく気づきました。

自分らしくあることこそを、自分の価値にしなければこのマラソンは無限であると気づいた日々です。

見えない天井を突き破る。

成功すること、失敗する事。

まだ成り立ってない業界で、走り続ける人たちへ。

この本は、この本を手に取ってくれるあなたに向けて書いた本です。

大したことは書けていないかもしれないけど、なにか共通の感覚を持つ、たった一人の人に届けば良いと思って書いたマニアックな本です。

あなたの明日や未来が1㎜でもいい方向にいくきっかけになりますように。

1月1日　~~発登~~初投稿　「トランプ」これはいい出来だから将来的にかなりいってほしい

フォロワー190人　再生回数130回

1月2日　「サンドウィッチマン」別の層からのアプローチ。多くの再生回数が欲しい

中高生20人フォロー様子見。春から青学5名様子見。反応あり

フォロワー215人。学生お笑い。知らない人もチラホラ。チャンネルも6人に。

・フォローかえすのは次の日ときめる。そしたらくの人たちが見る

フォローを返さない人の意図とは?

どうやって身近さをうまくつくっていくか。ちょっとかっちりしすぎ?!

フォローありがとうございます運動!!

明日サンドがどこまでいくか、そしてその効果でトランプがどこまでいくか。

UUUMメンバー応募完了。

1月3日　「グラサン」フォロワー221人。　~~チャンネル~~、チャンネル登録8人　サンド効果できめらりで100くらい上昇。

google plusでタグ告知。タグは駄作　ツイッターフォロー作戦失敗、全く知らない人から多数返

1月4日

電車の30分でチャンネル相互やりまくる、コメントや結びつきなど効率が良さそう。

ツイッター上でリプをとばして自己紹介をしてみる。10人中何人返ってくるか。

YouTuberアカの人のファンが欲しい

毎日着々と再生回数が伸びている状態。

現状を打破する1万回級の動画が欲しいところ

朝に夜の動画の告知をはじめてした。サムネイル。

まずは同業者から

これから危惧すべきこと。再生回数のガタ落ち。1日目で100回を越えなくなること。

対策、ツイッター、Google+で純粋なファンを獲得すること、

そのために~~ツイ~~ツイッターでYouTubeアカウントを持つ人に支持されるべき。

手売り感覚で、ツイッターでフォローを促進する?1月4日はまず5人。

google+をつかうと

フォロワー236人、チャンネル24人。　グラサンが1日で130回

3日連続再生回数100回越え。　きめらり264回

通学中にフォロワー、google+で行動。最も効果的

1月5日　オレオ130くらいまあまあば、た方今日の1月にある日でどこまでとずれるか

301できめらりはストップ約4日かかった。

外部。フォロワー(+5)　google+で5人チャンネル相互。

フォロワー247人(11人UP)　チャンネル登録34人(10人UP)　ツイッターでファン増やせそう。

カンタ

相方トミーと「水溜りボンド」として2015年よりYouTubeを中心に活動開始。ジャンルにこだわらない発想豊かな動画で人気を博し、チャンネル登録者数400万人を突破。また、映像監督としてMVの制作等も手掛ける。2024年に映像制作会社Arks株式会社を設立した。

靄靄（あいあい）

2024年12月3日　初版発行

著者　カンタ
発行者　山下直久
発行　株式会社ＫＡＤＯＫＡＷＡ
〒102-8177 東京都千代田区富士見2-13-3
電話　0570-002-301（ナビダイヤル）

印刷・製本　大日本印刷株式会社

定価はカバーに表示してあります。

●お問い合わせ　https://www.kadokawa.co.jp/（「お問い合わせ」へお進みください）
※内容によっては、お答えできない場合があります。
※サポートは日本国内のみとさせていただきます。
※ Japanese text only
ISBN 978-4-04-075486-4 C0095　